漫畫量子力學 ③

粒子世界大發現

李億周 이억주 著 ✕ 洪承佑 홍승우 繪 ✕ 陳聖薇 譯

電子的運動、薛丁格的貓、反物質……
現代物理學誕生啦！

目次

你不好奇
量子力學的
世界嗎？

這次的時空移動，
會去哪裡呢？

前言

漫畫家的話

大家好，我是漫畫家洪承佑。從小我就很尊敬科學家，因為科學家探究我們居住的地球，以及思考宇宙萬物如何出現、依循什麼法則。

大家假設眼前有一顆蘋果，我們將這顆蘋果對半切、再對半切、再不斷對半切的話，會出現什麼呢？沒錯，就是原子，原子就是形成世間萬物的基本單位。量子力學就如同原子，探索再也無法分割的單位內所發生的物理現象。

遙遠的古希臘時代，就有人對那小之又小的世界充滿疑惑與疑問，科學家歷經數千年的原子探究之後，我們已經知道原子裡面有什麼、如何運作，但還有許多我們未知、必須知道的真相。

好奇是哪些科學家帶著這些疑問、又做了什麼研究嗎？我們一起透過漫畫學習他們的故事，以及原子世界的物理法則。本書我們要與多允一家人一起回到過去，在原子的世界裡探險。

好的！大家是不是準備好，要與漫畫裡的角色們一同進入眼睛看不見的小小世界呢？

我們開始吧！

洪承佑

作者的話

大家如果沒有手機或電腦的話，可以生活嗎？

應該會有種回到原始時代的感覺吧。

今日科學帶給我們生活上的各種便利，就是因為量子力學才有登場的機會，尤其是手機與電腦採用的半導體原理，也可用量子力學說明。

科學發展的歷史上有兩回「奇蹟之年」，第一次是一六六六年，牛頓發現萬了有引力定律與運動定律，並說明月亮與蘋果運行；第二次是一九〇五年，愛因斯坦發表光電效應的偉大論文，奠定量子力學基礎。牛頓的運動定律是探索可以用眼睛看見的宏觀世界，量子力學則是研究無法用眼睛看到的微觀世界。

想完全理解量子力學，真的不是一件簡單的事情，但只要有好奇心，就能看見某個物質是由什麼形成、物質內發生了什麼事。

好奇心是探索科學最大的基礎，這本書就是帶著好奇心探究物質世界科學家的故事。從古希臘哲學家德謨克利特，到成功讓量子瞬間移動的安東·塞林格，透過這些對量子力學有所貢獻的科學家，為大家介紹微觀世界。

李億周

登場人物

鄭多允、金敏瑞、Mix
好奇心滿點的三劍客。
透過時空旅行一同走向量子力學大冒險。

多允的家人
彼此愛護的
一家人。
相聚時總是
充滿歡笑。

身分不明的妨礙者
妨礙時空移動的謎樣人物，
他們究竟是誰？

恩里科 · 費米
義大利物理學家
（1901 ～ 1954）

沃夫岡 · 包立
奧地利物理學家
（1900 ～ 1958）

維爾納 · 海森堡
德國物理學家
（1901 ～ 1976）

保羅 · 狄拉克
英國物理學家
（1902 ～ 1984）

埃爾溫 · 薛丁格
奧地利物理學家
（1887 ～ 1961）

路易 · 德布羅意
法國物理學家
（1892 ～ 1987）

瑪里 · 居禮
波蘭物理學家
（1867 ～ 1934）

尼爾斯 · 波耳
丹麥物理學家
（1885 ～ 1962）

阿爾伯特 · 愛因斯坦
德國物理學家
（1879 ～ 1955）

馬克斯 · 玻恩
德國物理學家
（1882 ～ 1970）

第1章
玫瑰與大波斯菊
太陽的核融合

好啊，這麼想拍，我就幫你……

喀嚓！

喂，不要做奇怪的表情……

呼呵呵呵！

妳現在在做什麼?!

如何？我的合成實力不錯吧！

啊！

我不喜歡玫瑰，我喜歡大波斯菊。

不喜歡玫瑰的人，怎麼會在我拍玫瑰的時候闖入呢？

那、那是……

喔，
我最愛的
大波斯菊！

我喜歡這花是因為，它的英文花名有「宇宙」的意思。*

那又怎樣？

因為我長大後要成為揭開宇宙祕密的科學家！

那你知道這花的分類嗎？

咦？
不、不知道……

它是雙子葉植物……

閃亮亮

屬於菊科……

嗯！

連這個都不知道，可以揭開宇宙的祕密嗎？

花的分類和宇宙有什麼關係！

*注：大波斯菊的英文名 cosmos，源自希臘語，在英文中也有宇宙的意思。

我一定要成為植物學家！

你這傢伙

呃

是春天發芽、冬天來臨之前發育出種子的一年生植物。

和宇宙到底有什麼關係！

閃亮～

成為植物學家，研究植物宇宙！

隨便妳。

哈欠～

大波斯菊還有個美麗的傳說。

很久很久以前，神創造了這個世界。但創造完之後，神覺得這世界看起來還是荒蕪一片。

感覺……有點空虛。

13

所以神開始創造讓世界變美麗的花朵。

假設神的模樣就像一般人一樣。

搓揉

但一開始好像沒有做得很好。

莖太細了！

丟 丟

顏色我都不滿意！

這些用各種顏色所創造出來的花朵，就是大波斯菊。

而神創造的眾多花朵中，最後一種就是菊花。

呼～！

菊花是雙子葉植物中最高等的植物。

嘿嘿！

哇～

大波斯菊也是菊科植物！

我們是一家人！

菊科植物可說是
植物宇宙的
最初與結尾。

哇，感覺帶有
很深的含義？

嗯，如果我有女朋友，
就把我們各自
喜歡的花結合起來
當成禮物吧。

閃亮

噗哈哈哈！

咚嗦咚嗦

你？女朋友？
是在搞笑嗎？

舉例來說，
結合玫瑰與
大波斯菊……

玫瑰？
那是我喜歡的花耶？

暈眩

15

鄰居家漂亮的莉莉！

莉莉，好久不見！來鼻子打招呼吧……

Mix，近來好嗎？

碰　碰

暈眩　暈眩

汪！汪！汪！

喀拉啦啦啦！
（為什麼！為什麼！
為什麼偏偏在
這個時候！）

汪汪!!

看你這麼生氣，
應該是遇到什麼好事，
卻被拉來這裡了吧。

不是我的錯

只要拿到科學家的禮物，時空移動就會結束。

可還沒搞懂如何開啟時空移動……

一九三九年，美國哥倫比亞大學恩里科·費米教授研究室

哇，又是費米教授？他還記得我們？

Family～we are Family～♪

咦？你們不就是之前在羅馬大學見過的……

你們來美國有什麼事？

美國？這裡不是義大利嗎？

因為戰爭的關係，我無法繼續在義大利做研究，所以那天之後就流亡到美國了。

啊……原來如此

17

那天因為簽證的關係
暫時出去一下，
回來後你們都走了。

啊，那個，
因為突然有點事情，
所以……

還有我……
現在也移民到
美國了。

喔，
原來
如此！

還真會
應對

要來聊
那天沒有說
的部分嗎

好。

中子

鈾原子核

吸收中子的
原子核，
會分裂成二

釋放
能量

氪原子核

中子

鋇原子核

連鎖反應

上一次我們
講完了核分裂，
對吧？

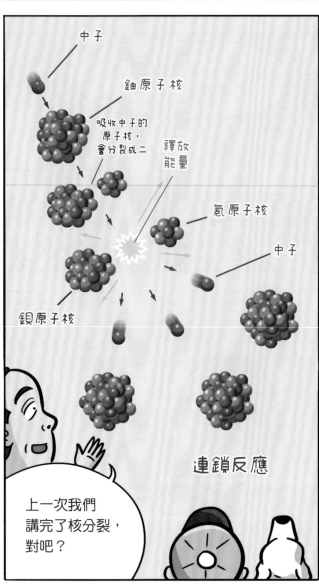

這一次要講
核融合！

要說明核融合，
就不能不提到太陽。

哇
哇
哇

滾燙

滾燙

啊！燙！

質子不是帶有
正電荷，
會彼此互斥嗎？

碰

一般情況下是
這樣沒錯，但若是在
太陽那種高溫、
高壓的地方，

質子就可以
彼此結合。

窟哇哇

喔！
可以耶

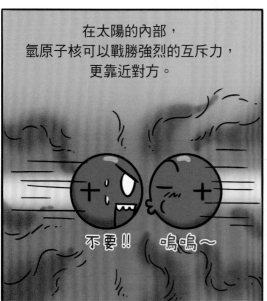

在太陽的內部，
氫原子核可以戰勝強烈的互斥力，
更靠近對方。

不要!!　嗚嗚～

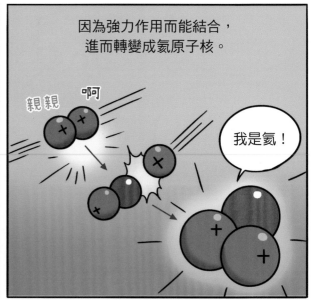

因為強力作用而能結合，
進而轉變成氦原子核。

親親　啊

我是氦！

你和我以前都會
吵吵鬧鬧，

但現在
我們變成了
分不開的關係。

抱　吼!

就好像氦
一樣……

嗚唧唧～嗚唧唧～
（我不能呼吸了……
放開我……）

多允，
我好想你。

啊啊啊，
太不像話了！

該不會有一天
我和敏瑞也會突然
變得親近？

什麼？
核融合嗎？

不是的
沒事……

我們再仔細
探究看看。

太陽內部的氫原子核，
也就是質子彼此相遇的話，

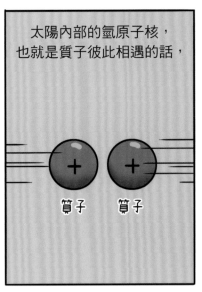

質子　　　質子

帶有正電荷的正電子會跑掉，
質子轉變為中子。

這就稱為
「重氫核」。

質子　　　　　中子

喔喔！

這個重氫核如果再與質子結合，
會變成什麼呢？

質子 中子　質子

一般來說，
會產生比平常的氦還要輕的氦原子核。*

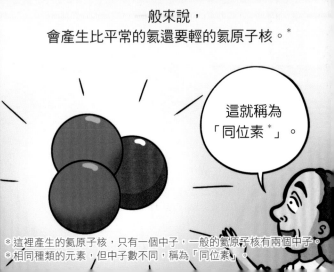

這就稱為
「同位素*」。

＊這裡產生的氦原子核，只有一個中子，一般的氦原子核有兩個中子。
＊相同種類的元素，但中子數不同，稱為「同位素」。

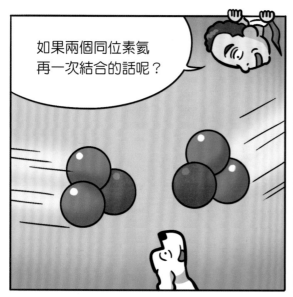

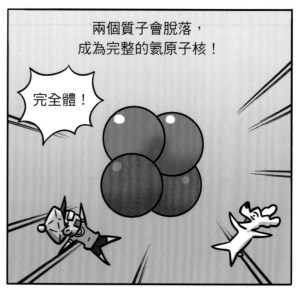

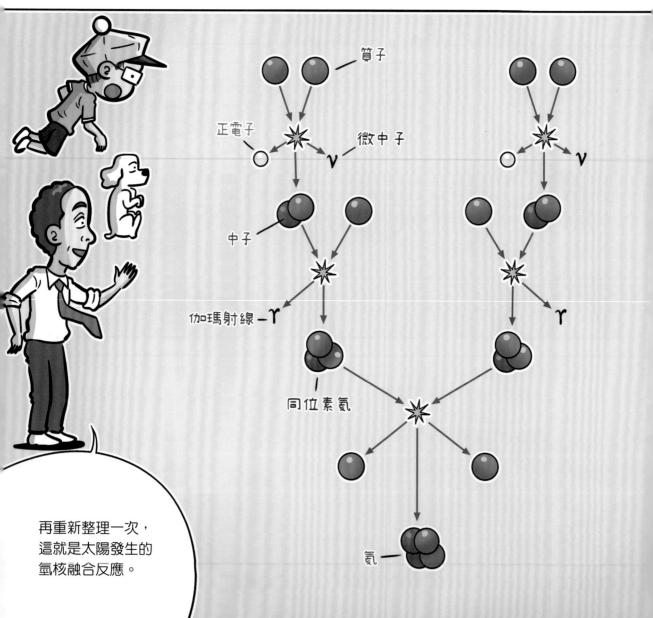

所以說，太陽會持續出現像這樣的核融合反應？ *

真的很壯觀！

如果太陽的氫都用完的話，該怎麼辦？

錢都用完的話⋯⋯

空空

*注：核融合只發生在太陽中心約十分之一的核心部分。

剩餘的氦會再次進行核融合。

不過太陽目前還有超過 70％ 的氫。

70％ 氫

那就不用擔心氫會用完。

原來核融合也和核分裂一樣，會產生能量！

ν

元素週期表 1號！

H

世上最小的元素
氫⋯⋯

23

火熱

居然可以製造出太陽能如此巨大的能量，真是驚人！

不論是核分裂，還是核融合，只要好好利用……

對人類會很有幫助的！

問題就是壞人也會利用來……唉～

哐

你表情怪怪的？身體不舒服嗎？

沒事，我沒事……

等我一下。

！

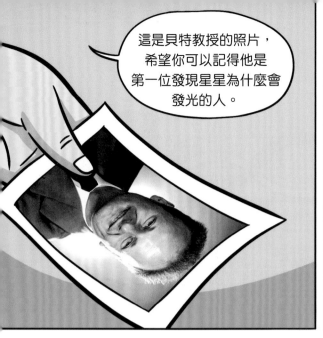

這是貝特教授的照片，希望你可以記得他是第一位發現星星為什麼會發光的人。

費米教授又要給我什麼！

就像之前見到的那些科學家一樣！

收下這個，就可以回去了吧？

快收下！我想趕快見到莉莉！

啊，知道啦。我收下！

汪哩哩

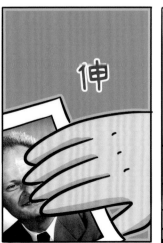

伸

果然是這樣！我的想法沒有錯！

眩

科學家給的東西都要收好才行！說不定可以找出時空移動的祕密！

汪汪汪啦啦啦♥
（莉莉，等我♥）

只要好好拍一張玫瑰的照片就好，拜託不要妨礙我。

又來了！鄭多允！

我也不願意啊！

你常常這樣，該不會你……

什麼

喜歡我吧？

我一才一沒一有！

……

驚嚇

那你為什麼一直在我拍照的時候闖入啊？

明明就是想引起我的注意！

不是這樣，是因為時空移動……

吼！

等等，鄭多允，你剛剛說……時空移動？

啊，沒有！就說時間過得好快而已！

你一直以來都很奇怪……

、什麼？

常常像是靈魂出竅，還會說出奇怪的話。

！

你一定
隱藏了什麼事，
對吧？

不會吧！
難不成我的祕密
要被發現了?!

驚嚇！

也是！
就把話說開吧！
我也不用一個人
戰戰兢兢的！

好吧，
都跟妳說。

！

我可以
時空移動！

時空移動回來後，
有一段時間會昏昏沉沉的。

所以會說一些
亂七八糟的話。

……

嘎嘎嘎嘎

你以為你是什麼漫畫主角嗎？時空移動？哇哈哈！天啊！

不要笑！是真的！

那你現在時空移動看看啊。

現、現在？

不是我想時空移動就能移動的……

你會時空移動，但不知道怎麼移動？

我沒有要引起妳的注意！

你這樣沒辦法引起我的注意……

我沒有說謊！

氣死我了，與其跟妳解釋，還不如融合玫瑰和大波斯菊還比較快！

嗚啊！

暈眩

啊，又來了！
連續時空移動！

涅槃境界

呱 啪 啪

山是山，水是水……

第2章
同伴增加了！
包立的「不相容原理」

究竟為什麼
又再次時空
移動啊？

到底為什麼
會這樣？
嗯？嗯？

就是說
啊……

你的底下
是我……

抖
抖

哇！
費米教授！

咦？
Mix，你的背本來就
這麼寬闊嗎？

你去
健身了？

好重……

我不過去個廁所，你們就走了……

！

不知道你們會從天花板掉下來……

從……天花板？

為什麼偏偏是我先掉下來……

坐起

你們到底是誰？

！

那是因為時空移動時……

！

嗚嗚嗚嗚嗚啊啊啊啊啊！我們是在練習雜技！因為想成為馬戲團明星！

痛啊

不要洩漏出去

這個嘛……雖然感覺不太對勁，但就相信你吧。

呼～

總之，現在我要出門了，沒辦法和你們說太多。

你們下次再來玩吧。

欸！

是筆……

好，我來試試！

嘎汪汪！
（你想做什麼，鄭多允！）

啪噠

你看、你看！

暈眩

抽

呱啪 啪

確定了！

果然回到現代了……

汪汪！

怎麼可以偷東西！

別生氣。因為想回來，沒辦法啊！

欸……對耶……很好

時空移動好像越來越頻繁……

拍拍

我明明正在和莉莉約會，為什麼會在這裡！

可以找出回來的方法就很幸運了，呼～

啊……好想念莉莉～

呼呼

現在只要找出開啟時空移動的方法就好了……

時空移動之前，我究竟做了什麼？

噗

鄭多允。

怎樣？

你之前說的那個時空移動……
是真的嗎？

現在又在幹嘛？
不是說不信嗎？
說我想吸引妳的注意？

不是、
不是這樣的！

我好像
看到了什麼，
就是戶外上課
那天……

看到什麼？
是看到我
時空移動嗎？

汪比啊嚷

吼

那是騙妳的！
就像金敏瑞大人
您說的那樣。
我又不是瘋了！

我現在是真的想要理解，不能好好聽我說嗎！

我認真要說的時候，妳不是不當一回事嗎！

現在我開始想關心了，不行嗎？

她說關心耶……

……

……

你看，我沒說錯吧！他們兩個真的在交往。

鄭多允！金敏瑞！出去外面罰站！

哐

啷

現在才相信我說的時空移動！

那個……
你的科學很好，
好像也是因為
那樣……

很好，
我好好的
說給妳聽。

吞口水。

合體！

驚訝

拍

……　　……

你做什麼！

暈眩

翟戈！

嘎啊！

踢

你這變態！
松毛蟲！
田螺！

噢……

果然什麼
時空移動
都是騙人的。

居然會
相信這種話，
我是笨蛋。

坐起

好啊！
既然如此，
那就試到底！

噠噠噠

暈眩

鄭多允與
金敏瑞，
合！體！

啪

妳看！
我沒說錯
吧！

哇啪

啊啊啊啊啊！
這是什麼！

一九二四年，德國漢堡大學

歡迎歡迎……
是第一次時空
移動吧？

時空移動……
原來是真的。

你是 Mix 吧？
你也會時空移動？

我也很好奇，
像我這種臨演級的，
可以不用一起
時空移動的！

總之，
我終於找出
開啟時空移動的
方法了。

拍 拍

什麼？終於？

所以你也只是初學者？

才不是！
我是專業的
好嗎！

真是的，
居然在計較是專業，
還是業餘……

不過，
這裡是哪裡？

轉身

聽我說話啊！

你們是誰？

沃夫岡・包立教授

沃夫岡・包立？

對，這是我的名字。你們是哪裡來的孩子？

我們剛剛時空移動……

我、我們在學校找資料找到一半，然後才來這裡的！

咳咳！好噁心！好難受！

什麼資料？

原子的架構！

你們這年紀的孩子，怎麼會知道原子？

當然知道。一八〇三年，英國物理學家道耳頓不是發表過「再也無法分割的粒子」的原子說嗎？

哇！

這也是時空移動時學到的嗎？

點頭

不過，一八九七年，英國物理學家湯姆森……

發現原子內有電子！

沒錯，湯姆森認為電子就像葡萄乾一樣附著在原子上。

正電荷

電子

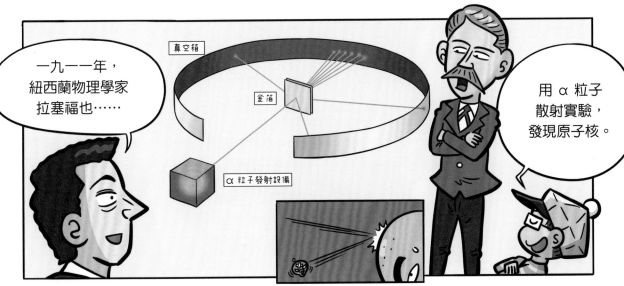

一九一一年，紐西蘭物理學家拉塞福也……

用 α 粒子散射實驗，發現原子核。

真空箱

金箔

α 粒子發射設備

α 粒子是氦的……

原子核！

鏘鏘鏘鏘

這兩人也太合拍了……

哈哈哈

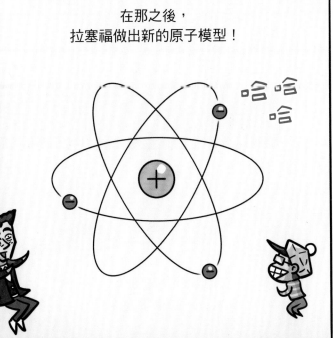

在那之後，拉塞福做出新的原子模型！

哈哈哈

但是新模型也有缺點。

吼！

滑倒

沒錯,依照那個模型,
電子與原子核最終會發生撞擊。
但無法說明不會
產生撞擊的原因。

過來!

電子

碰

原子核

輪到
尼爾斯·波耳
登場。

是的,丹麥物理學家
尼爾斯·波耳認為
原子核周圍有電子
可以旋轉的既定軌道。

原子核

電子

電子

原子核

電子從一個軌道
移動到另一個軌道時,
會因能量差異而出現
相應的光。

電子

能量

啪

原子核

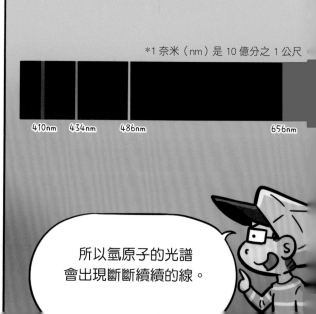

*1 奈米(nm)是 10 億分之 1 公尺

410nm 434nm 486nm 656nm

所以氫原子的光譜
會出現斷斷續續的線。

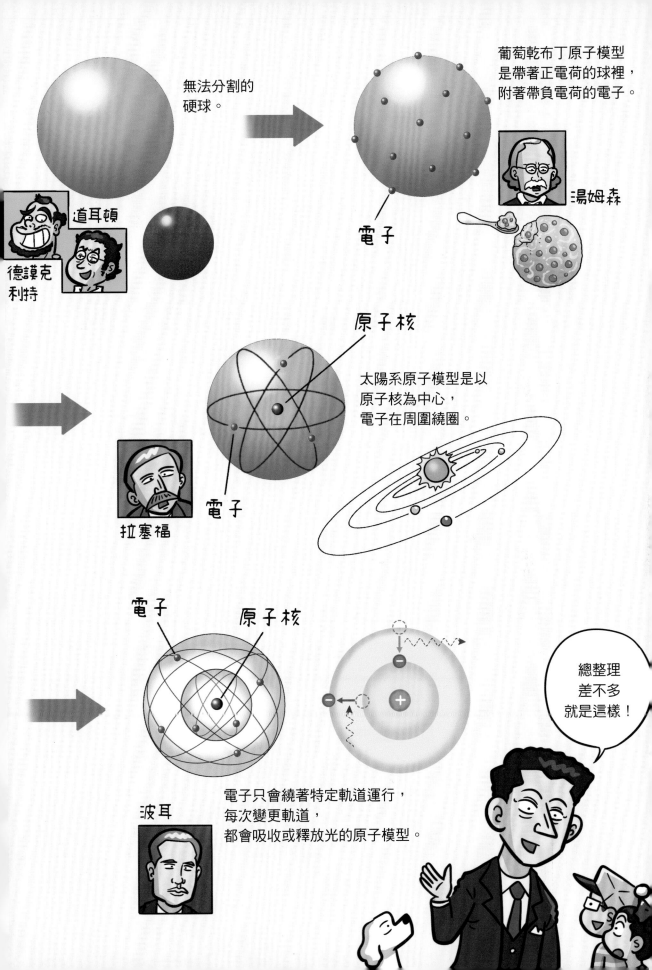

原子模型完成了。不過我還是有點疑惑。

科學就是不斷丟出「為什麼」的學問。

喔！

心動

我的疑問是這個：原子裡的電子為什麼不會靠向原子核轉圈？

而是向外擴散呢？

就是說啊，如果電子可以靠近核中心繞圈的話，原子就能更小了。

其實我已經找出原因了！就是「不相容原理」。

不相容……原理？

「不相容」就是孤立或拒絕的意思，
電子的位置可以用「軌域」
這個獨特函數來表示⋯⋯

每一個軌域
只會出現兩個電子。

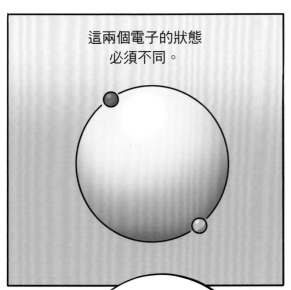

這兩個電子的狀態
必須不同。

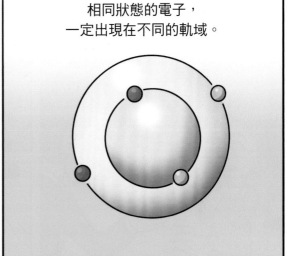

相同狀態的電子，
一定出現在不同的軌域。

因為相同狀態的
電子會互相排斥，
所以才叫做
「不相容」吧！

沒錯。

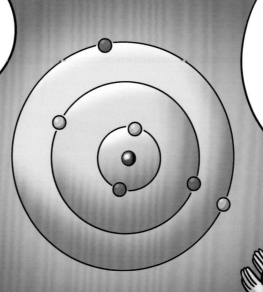

因此電子在
沒有辦法的
情況下，
只能向外擴散。

所以電子的個數越多，
原子的體積就只會
越來越大囉。

沒錯，
就是這樣！

就好像洋蔥一樣，
外皮越多，
洋蔥就越大顆！

來，這個給妳。

丟

就像洋蔥一樣……

呃……

暈眩

只要拿了東西，
時空移動
就會結束……

滋 啪 啪

啊……

汪汪汪！
（我什麼都沒做，就這樣
被帶來帶去的啊！）

第3章
不確定的世界
海森堡的「測不準原理」

下課！

哇啊

我們留下來寫作業吧。

嗯，好啊。

所以你的科學好，是因為時空移動的關係，對吧？

嗯。

為什麼說了那句話，就可以時空移動呢？

什麼話？

鄭多允！金敏瑞！合……

哇啊

啊，等等！

不能說！

跑

壓

會開啟
時空移動的！

喂，拿開你的手！
合體！融合！

揮

不行！
會暈眩！

咦，怎麼沒事？

我還要背著你，
不是嗎？

啊……也是。

用寫的也會
時空移動嗎？

合體
融合

沙 沙

的

驗精神
真是
底……

想那麼多
無謂的……

嘿嘿……
不行耶

果然還是
要用說的。
鄭多允！
金敏瑞！
合……

吼！

喂，現在妳
背著我！
不可以說！

51

可能是因為
之前在歐洲 CERN*
發生的那件事,
之後就開始時空移動了。

CERN?

* 歐洲核子研究組織,擁有世界最大的粒子加速器。

是在瑞士的
歐洲核子研究組織。

哇

在那裡被
奇怪的光照到後,
失去了意識。

呃啊~

嗶滋滋

奇怪的
光?

所以也知道了
光的波粒二象性。

好難!
波粒
二象性?

就是光
同時具有
粒子與波動的
性質。

是粒子,
又是波動⋯⋯
似懂非懂。

總之……
應該是那個
奇怪的光，
影響了我的身體。

從那個時候開始，
只要說了合體、
融合一類的詞彙，
就會開啟時空移動。

那為什麼 Mix
也一起去呢？

就是
說呀呀！

牠和我一樣
被那道光照到。

喔……

到目前為止，
我因為時空移動
學習到原子的
微觀世界。

反正時空移動
對課業有幫助。

吼～！
原來對你來說，
時空移動
只是寫功課的
工具嗎……

原來如此。

我哪有臉紅

有你，我才能
時空移動啊。
你的臉為什麼
突然變紅啊？

好！從現在開始
我只相信你。

只相信我？我？

因為我喜歡的
動植物也都是由
原子形成的。

妳不是說不想再
時空移動了嗎？

我改變想法了！
好像很好玩的樣子。

等等！
不一定要我背你吧！

你背我也可以
不是嗎

來，出發吧，
上來！

來

什麼！
是怎樣！
這麼突然！

一九二七年，丹麥哥本哈根大學

這裡又是哪裡？

妳好像比我更適應……

好久不見！
Mix！

我一點都不開心

我現在心情很不好！
滾！

汪嗚！

吼汪汪！

你這傢伙，虧我還餵你那麼多點心！

又不好吃！

唉唷！

你們是誰？

汪

我的名字是
維爾納・海森堡，
是物理學家。

我們是從韓國來的
金敏瑞和鄭多允。

名字很特別？
韓國在什麼地方？

為什麼沒有
介紹我？

韓國在亞洲。
一九八八年奧運、
二〇〇二年世界盃舉辦
國！是 IT 強國之一！

唉育威

喂喂

到底在說
什麼啊……

也要
介紹我啊！

奧運的話，
明年是在
荷蘭舉行啊！

！

金敏瑞
妳看吧

啊……

你叫
什麼名字？

荷蘭奧運是一九二八年，
所以現在是一九二七年。

呃，對耶！

嘿嘿！
我叫 Mix

您研究哪一方面的物理呢？

我正在研究如何確認原子裡面電子的位置。

電子的位置！

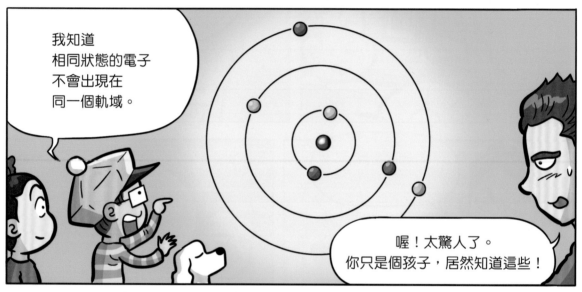

我知道相同狀態的電子不會出現在同一個軌域。

喔！太驚人了。你只是個孩子，居然知道這些！

就是包立的不相容原理。

你們該不會是愛因斯坦的孫子、孫女吧？

總之，原子核是由帶有正電荷的質子形成，質子集合在原子中心形成核。

多允，
原子核不是由
質子和中子
組成的嗎？

中子？
那是什麼？

中子是
一九三二年
才發現的！

悄悄話
悄悄話

拉

知道啦

唰

呃

總之……
電子的位置
是根據電子
攜帶的能量
不同而不同，
不是嗎？

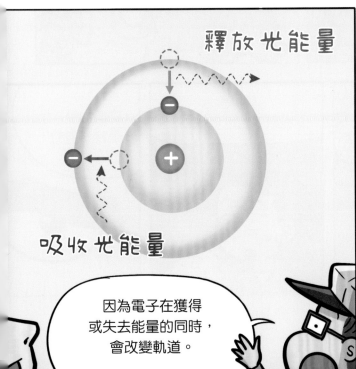

釋放光能量

吸收光能量

因為電子在獲得
或失去能量的同時，
會改變軌道。

亞洲
怎麼會有這麼
聰明的孩子？

你們說得對，
若原子吸收光能量，
電子就會往離原子核較遠的軌道移動。

若釋放光能量，電子就會往
較內側的軌道移動。

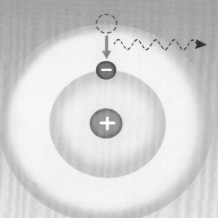

吸收光能量　　　　　　釋放光能量

所以，只要知道
電子是如何跟隨能量移動，
就可以找出電子的
正確位置囉。

但也不完全如此。

古典力學是依據
牛頓的運動定律，
只要知道物體的速度，
就能知道
該物體的位置。

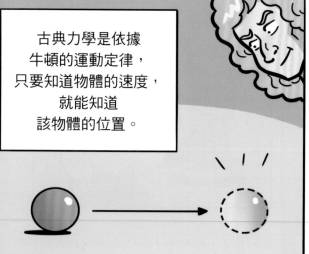

所以說
在原子的世界……

古典力學
是行不通的！

假設一顆球以秒速 1 公尺的速率，朝一定方向移動。

1m/秒

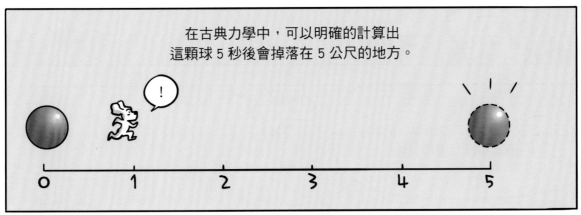

在古典力學中，可以明確的計算出
這顆球 5 秒後會掉落在 5 公尺的地方。

0　1　2　3　4　5

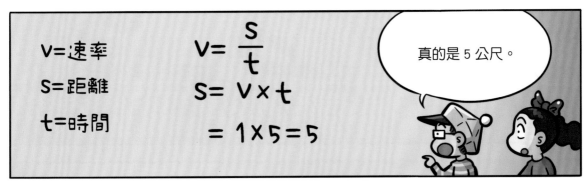

v＝速率

s＝距離

t＝時間

$$v = \frac{s}{t}$$

$$s = v \times t$$

$$= 1 \times 5 = 5$$

真的是 5 公尺。

可是在原子的世界
能用同一種方法嗎？

我認為，
位置與速度之間，
可能還有其他定律。

什麼定律？

我們明明知道
電子確切的位置，
卻無法知道動量*。

＊注：動量是物體質量與速度相乘。用來表示物體的運動狀態與慣性大小。

相反的，若找出動量，
則無法知道明確的位置。

哇，電子真的是
智慧型犯罪者。

福爾摩斯

吼

到處跑來
跑去……

沒錯，
那就是我找出的原理！
命名為
「海森堡測不準原理」！

唖

果就是電子的
位置與動量
無法同時得知！

不可能同時
抓兩隻兔子

位置

動量

所以眼睛看得見的世界，
不能使用測不準原理嗎？

原子的世界，
與眼睛看得見的世界
應該不一樣……

我們身處的世界
也適用這個原理。

！

O

所謂不能
同時確定
位置與動量……

嗚呼！

兩者的量都是不確定性，
也就是無法確定，
0 的意思，
兩者相乘總是會出現 0。

$$0 \times 0 = 0$$

真是完美的
數字……

可是……

在原子的世界，兩者的量相乘後，

總是比某特定值大。
數值很小，但並不是 0。

……

阿沙沙！

朝向 0！

受苦吧～

阿沙沙
喀他趴哈

哐哐

0 的防禦力滿點！

因此位置的不確定性越小，動量的不確定性就越大，兩項相乘，就會比某特定值大。
如果位置的不確定性為 0，動量的不確定性不會變大，而是無限。

超級小……

$$\Delta x \Delta p \geq \frac{\hbar}{2}$$

位置的不確定性　　動量的不確定性　　$= 5.272859 \times 10^{-35}$

那麼是因為
那個特定值很小，
所以我們感受不到
測不準嗎？

是的。

事實上，測不準原理隨處可見。

在原子的世界
非常重要，

但現實世界
幾乎感受不到。

$$5.272859 \times 10^{-35}$$

這是所有
物理現象
的基本原理。

哇……
物理定律超越了
我們的想像。

看得到的
不是全部！

……

Mix！
造就出你的原子
全部都測不準！

在說什麼？

我也一樣！

甩

這世上萬物都是不確定的！

怎麼突然變成哲學家……

為什麼會這樣

跪下

好虛無！

是該回去的時候了。

剛好這裡有海森堡教授的頭髮。

抽

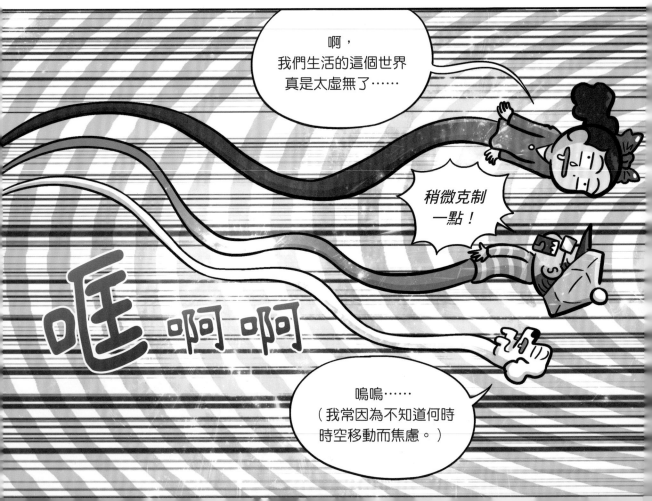

啊，我們生活的這個世界真是太虛無了……

稍微克制一點！

嗚嗚……（我常因為不知道何時時空移動而焦慮。）

哇 啊 啊

嘟！

啊，為什麼我也一起回到學校！

呃哇哇！

真的耶。

妳可以先起來嗎……

測不準原理，真是太衝擊了。

汪汪汪（我根本什麼都沒做。每！一！次！）

汪汪

Mix！你要去哪裡？

跑

可能是回家吧……

第4章
哲基爾博士
與海德先生

推論出「反物算」

高年級居然在玩
互背遊戲……

……

你們倆該不會……
在交往吧？

才沒有！

喔喔喔，
看你們這麼在意，
應該是真的囉！

呃，我們在玩誰背起來後跌倒的話，就要請吃辣炒年糕的遊戲！

是……是這樣嗎？

唉，騙人！

妳也要玩嗎？
妳贏的話，我們請妳吃辣炒年糕！

我們？
喂、喂～

吵死！

OK！

嗚哇！

啪

咳！

阿沙！

嗚哈哈啊！

啪

撐

我贏啦！
你們要請我吃辣炒年糕！

暈
暈

……

所以我說要在其他地方練習啊！

辣炒年糕～
辣炒年糕～

想要快點熟悉嘛！

我討厭用這個姿勢時空移動！

一定有其他方法。

咬耳朵
咬耳朵

喔喔，你們兩個已經是能咬耳朵的關係？

才不是！

......

這、這不是人類吧！

我眼前好像有隻準備要過冬的松鼠……

鄭冬允，妳今天看到的事情，不可以到處亂說！

很容易引起誤會！

嗯……
現在我想吃
魚板。

辣炒年糕

麵

這裡還要
一份魚板！

知道了，我會
保守祕密的。

豬豬小吃

呼……

隔天，國立科學館

放假真好！

還可以來
科學館玩！

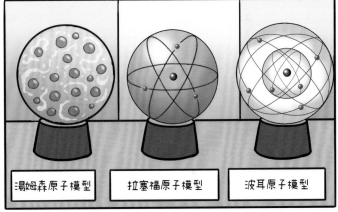

湯姆森原子模型　　拉塞福原子模型　　波耳原子模型

哇，原子模型！
是上次包立教授
整理的那些。

不過是去了幾趟時空移動，就裝得很懂原子……

吼

因為是多允喜歡的物理，所以我也想喜歡。

心跳！

！

你以為我會這樣說嗎？

……

我又沒說什麼！

我本來就喜歡科學，特別喜歡動植物而已！

不相容原理……
測不準原理……

我一直有個疑問，就是我們為什麼要知道這些？

因為人類有著想要探索未知世界發生的各種現象的研究精神！

這是我阿公說的。

倒地！

不過，這樣一來，我也越來越想認識那未知的世界……

這個時候的多允看起來又很帥氣……

愛犬店

那就拜託您了。

好的

初次來店，愛犬免費美容

只要忍耐三十分鐘，就會變得更漂亮唷。

摸

我真的討厭美容！

你叫 Mix 對吧？歡迎歡迎！

我討厭美容

機器聲

忍一下……一下下！

呃嚕嚕！

機器聲

吼，就忍一下！

呃嚕嚕嚕嚕！

現在就移動去探索新世界吧！

好的！動植物學與物理學結合！

啪

暈　眩

呱！

呱

啪

啪

……

一九二九年，
丹麥哥本哈根大學

你們是誰？

咦？這裡很像
海森堡教授的研究室……

找海森堡教授的話，
要去隔壁房間，
這裡是保羅・狄拉克的
研究室。

啊，原來如此。

我、我們對原子
有一些疑惑，
想來請教您。

我們又回到
哥本哈根
大學？

我也有
疑惑……
可以先
問嗎？

是什麼？

叮咚～

不知道

這傢伙為什麼
這個樣子？

凹嗚嗚嗚嗚！
（居然因為免費，
就把我單獨留在
美容室！）

凹嗚～哭哭

牠看起來很悲傷
應該有什麼
故事吧

總之，我喜歡你們
這些對原子有興趣的
孩子。

我現在
正在研究
原子的世界。

研究
什麼呢？

正在研究
原子裡的電子
究竟是如何
運動的。

跑來

跑去

來找我
啊～

電子因為
獲得或是失去能量
才會移動到
不同軌道嘛。

喔喔
又來了

老手

唉唷！這傢伙！確實厲害唷。

是啊，簡單的說，物理學就是說明物體運動狀態的學問。

！

蘋果掉到地上，或是地球繞著太陽轉，都可以依據運動方程式計算出來。

喔，是在說牛頓的運動定律吧。

伸長

真是的，兩個人就這樣互相炫耀？大人小孩都一樣！

看起來真的很好笑……

嘖嘖……

揮 等

呃
呃
嗚

是的，你說的沒錯，我們看得到、感覺得到的世界，根據牛頓的運動定律解釋的話……

$$F = 0 \qquad \frac{d}{dt}v = 0$$

$$F_{ab} = -F_{ba}$$

$$F = \frac{d}{dt}P = \frac{d}{dt}(mv)$$

方程式太難了……

是可以知道物體的運動狀態。

那電子的狀態也用同樣的方程式解出答案不就好了嗎？

牛頓

不，原子的世界不一樣。

Bye～

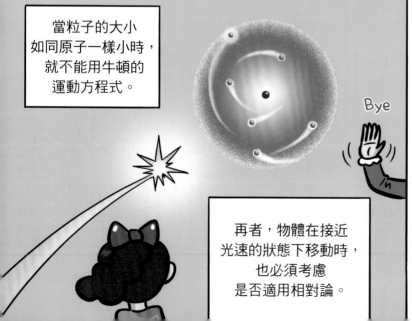

當粒子的大小如同原子一樣小時，就不能用牛頓的運動方程式。

Bye

再者，物體在接近光速的狀態下移動時，也必須考慮是否適用相對論。

所以現在需要的是新的物理定律嗎？

對，我找到的「狄拉克方程式」就是這個新的定律。

狄拉克方程式！

「海森堡測不準原理」也有海森堡教授的名字啊⋯⋯

嗯，第一個想出來的人，確實會想這樣命名。

也是⋯⋯

$$E = mc^2$$

你知道愛因斯坦發表的相對論著名公式 $E=mc^2$ 嗎？

當然知道！

$$E = mc^2$$

這個公式的意義，是質量與能量本質上相同。

有聽過光的波粒二象性嗎？

當然有！

呃！

光同時具有波動與粒子的特性。

沒錯，不過更驚人的是，電子這一類粒子因為也具有波動的特性，

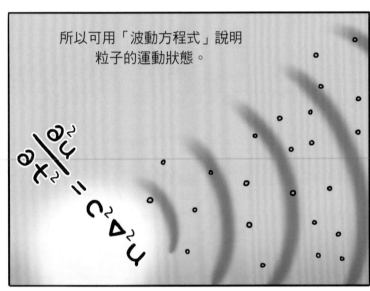

所以可用「波動方程式」說明粒子的運動狀態。

$$\frac{\partial^2 u}{\partial t^2} = c^2 \nabla^2 u$$

波動方程式？

啪

……

這有點難懂，不過所謂波動方程式是告訴我們，時間變化是如何對波動產生影響的方程式。

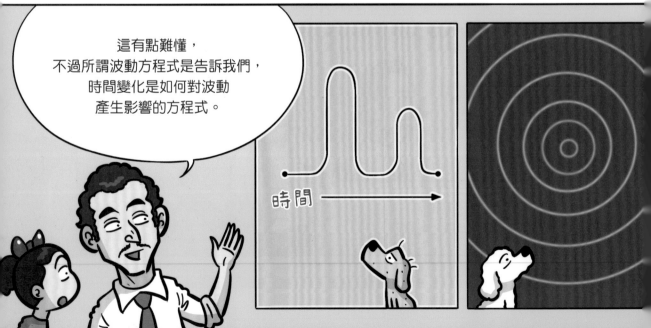

時間 →

在原子世界裡，解開波動方程式就可以得知粒子的運動狀態！

啊～頭好痛！

所以總結來說……我們生活的世界可以採用牛頓的運動方程式。

在原子的世界就必須使用波動方程式，是這個意思嗎？

是的。

用我的波動方程式計算的話，電子的能量可以分為兩種。

$$E \geq mc^2 \qquad E \leq -mc^2$$

E＝能量　m＝算量　c＝光的速率

就是這兩種！

電子的能量比 mc^2 大或相等、比 $-mc^2$ 小或相等。

根據相對論，
靜止物體的能量是 E=mc²。

不過移動中的物體，能量會大於 mc²。

咦？可是這個
不等式 mc² 的前面，
有個負號？

能量居然
有負數？

大多數人會覺得
是不是算錯了，
對吧？

不過我確信
這個負能量就是
大自然的一部分。

因為宇宙就是由
嚴謹的數學語言
形成的世界。

不過可惜的是，
這個宇宙的語言，
對一般人來說太複雜、
太難了……

因為是科學家的
語言與數學語言。

有負能量，
就能簡單說明
原子釋放光的
現象。

吸收光能量

電子一但獲得能量，
就會移動到外圍的軌道……

失去能量
就會移往
內側軌道！

釋放光能量

沒、沒錯

電子若遇上比自己持有的能量
還低的能量狀態，

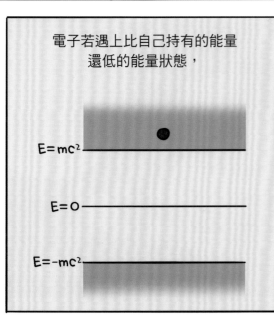

$E = mc^2$

$E = 0$

$E = -mc^2$

瞬間就會往低能量狀態掉落，
該能量差就會釋放出光。

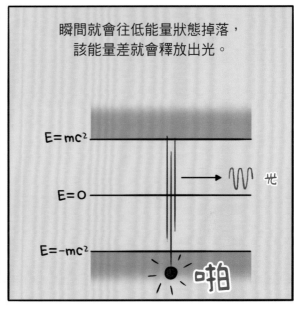

$E = mc^2$

$E = 0$ → 光

$E = -mc^2$

啪

相反的，若是帶有負能量的
電子吸收光，

$E = mc^2$

$E = 0$

→ 光

$E = -mc^2$

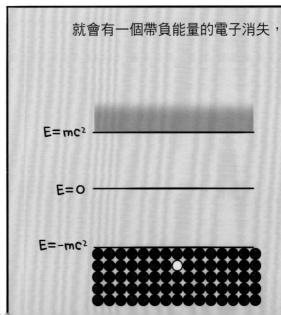

就會有一個帶負能量的電子消失，

$E = mc^2$

$E = 0$

$E = -mc^2$

並出現一個帶正能量的電子。

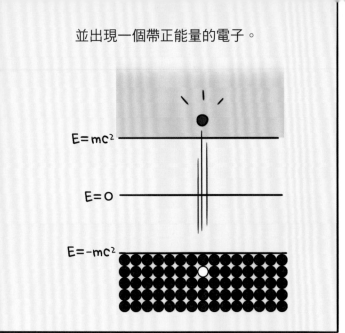

$E=mc^2$

$E=0$

$E=-mc^2$

最後光消失，產生一個電子，
以及與電子相反的「正電子」。

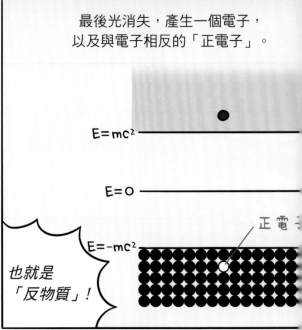

$E=mc^2$

$E=0$

也就是
「反物質」！

$E=-mc^2$

正電子

反物質？

呸

我認為這世上
所有粒子
都有反物質。

物質與反物質。
是物質世界的
哲基爾博士與
海德先生*嗎？

......

哼

為什麼
看著我？

電子的反物質
就稱為
「正電子」。

我記得阿公是
這樣說的！

*注：哲基爾博士與海德先生是經典名著《化身博士》的角色。
善良的主角哲基爾博士喝了自製的藥水，會變成個性殘暴的
海德先生。

帶有負能量的粒子，吸收光就會產生物質與反物質……

物質與反物質瞬間消失，釋放出光。

真空狀態下的宇宙並非什麼都沒有，而是充滿負能量。

管你什麼物質、反物質，還是什麼負能量！

欸？

我要回去！

我不要繼續這個樣子！

喂喂等等

咬

喂！
知道回去的方法不代表
你就可以這樣做！
那個給我！

哼！
隨意開啟時空移動的人
又是誰？

丟

呸 啪

持續時空移動，
好像就會冒出
越來越難的
理論⋯⋯

光能量

物算

反物算

電子

從科學家拿到的東西
也越來越多⋯⋯

鄭多允！
你有沒有聽我
說話？

總之先收著，
或許有機會
還回去⋯⋯

鄭多允！
你有沒有
聽到我說話？

啊！

喂，聽話！

愛犬店

不能讓你就這樣走！

機器聲

機器聲

呃汪汪

汪

機器聲　呃汪汪　機器聲

汪　機器聲　呃汪汪

唉，真不知道該說什麼才好……

嘿　嘿

吼！

牠太活潑了……
不，牠非常活潑好動，
所以剃毛剃到一半就失手了，
最後只能全部剃掉……

非常抱歉

嘿嘿！

短時間內
不用美容了！
萬歲！

第5章
陰謀的影子
電子的運動

是我，
成功了。

好，
辛苦了。

不知道為什麼
掙扎得很激烈，
好不容易才
處理好的。

完美處理
好了吧？
不能留有
後患！

請別擔心，
已經完美的在耳後
植入竊聽器了，
你可以確認看看。

知道了！

我帶 Mix
回來了！

咦？
為什麼穿著
衣服？

美容師不太熟練，把 Mix 的毛整個剃……

可能覺得很抱歉，所以給了一件衣服。

唰

噗

哇哈哈哈哈哈！我的天啊，我的肚子好痛！

所以全剃光了啊……

哥，你不覺得那樣很好笑嗎？

好笑。

其實剃一半更好笑……

夏嘎夏！

忍住忍

忍忍忍忍

噗哈哈哈哈！

汪汪汪！（不要笑！）

對不起……

隔天

大家都有
做作業嗎？

有！

要交作業了，
你在幹嘛？

呵呵呵！

這個……

哇嘎嘎嘎嘎
嘎嘎哇哈哈！

噗！

吼

現在上課中，
你們兩個在做什麼！

呃！
對不起，
不知不覺
就……

什麼啊，
全剃光了啊。

比剃一半
好……

呵呵

毛髮跟時空移動沒有任何關係吧？

應、應該是吧？

穿上衣服了。

讓牠短時間內穿著就好了。

牠自己也不喜歡……

今天是發表原子構造的日子，對吧？

對。

我看看……一組發表者是多允、金敏瑞！

有！

滿滿

啪

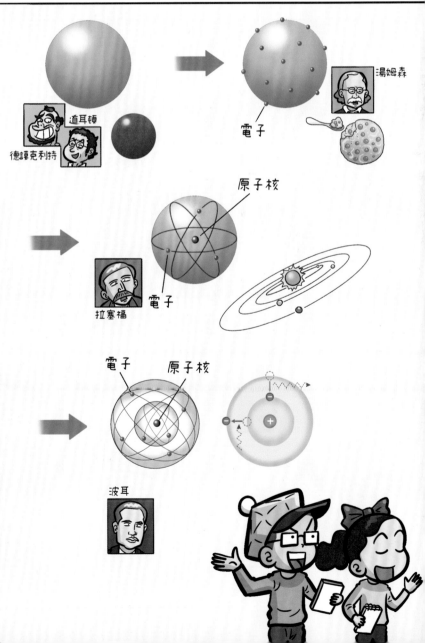

德謨克利特　道耳頓

電子　湯姆森

原子核

電子　拉塞福

電子　原子核

波耳

喔！很棒！你們兩個準備得很好！

就像是親耳聽到拉塞福跟波耳說明一樣栩栩如生。

明明是玩笑，卻一點都不好笑……我果然缺乏幽默。

怎麼可能。

老師該不會知道些什麼吧？

老師好像知道時空移動的事情……

不就是個玩笑嘛。完全適合你風格的冷笑話。

不要太在意啦

什麼風格？

總之……

謝謝你讓我參與時空移動。

心動

什麼啊……讓人心情這樣七上八下……

不過……原子究竟是怎麼產生的？真想親眼看一次。

想想目前為止我們學過的內容就好啦⋯⋯

$$\Delta x \Delta p \geq \frac{\hbar}{2}$$

測不準原理
不相容原理

⋯⋯

你不知道「百聞不如一見」嗎？

難道你就不好奇原子正確的樣貌嗎？

再來一次時空移動嗎？

吼！

站起

不行！我爸說今天會做好宮廷炒年糕等我。

悄悄 悄悄

驚慌

幹嘛？

嘿嘿嘿！

別鬧了！

我說別鬧了！

嘿嘿！

嗒 嗒 嗒

怎麼跑那麼快！

我很會跑啊！

奔 奔 奔

我的……

宮廷……

炒年糕……

抓

見了……

敏瑞與多允，
合體！

暈～眩

一九二六年，
瑞士蘇黎世大學

喂，
金敏瑞！

商量後
再時空移動
啊……

幹嘛要這樣。

我就是
想要趕快
學到啊！

時空移動前
先商量，
是我想說的吧！

嗚嗚嗚！
我的炒年糕……

宮廷炒年糕
又不會消失，
哭什麼哭。

只是晚一點
吃到而已！

喂喂，怎麼跑到
別人的研究室
吵架呢？

嗄！

你們是誰？

對、對不起。

教授您好。

喂！妳想怎樣？
明明不知道
他是誰！

?

你安靜一點。

我們在討論
原子內的電子如何移動時，
意見不太一樣。

喔，是嗎？

你們和我
關心一樣的
事情耶。

!

所以才找上我，
薛丁格教授，
這邊來嘛！

是的！

喔……
很熟練唷！

你看，這樣一來就知道
他是薛丁格教授了吧。

?

悄悄
悄悄

真是的

等等！
是那位因為
「薛丁格的貓」
而有名的
薛丁格嗎？

喵嗚～

汪

發現電子與原子核之後，對於電子如何移動這件事情眾說紛紜！

人們認為物理學家牛頓的古典力學難以掌握原子內的現象。

這段時間真的非常謝謝你，牛頓。

我的時代就這樣離去……

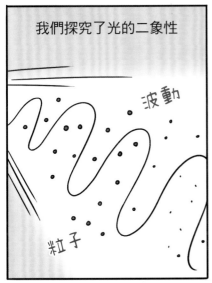

我們探究了光的二象性

波動

粒子

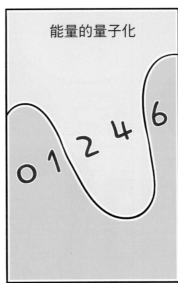

能量的量子化

0 1 2 4 6

以及相對論

現在，為了說明電子的運動，我們需要新的物理學。

電子

就由我來完成！

登

登

唉唷，看我這人氣！

幫我簽名～

物理學家們

電子

這是在幹嘛……

為了全新的物理學，我找到了「薛丁格波動方程式」！

波動方程式？

之前狄拉克教授也說過波動方程式。

他提過反物質……

什麼？

你們見過英國物理學家保羅・狄拉克？

糟了！

論、論文，是看了論文……

啊……

・・・

居然會看論文……不是普通的孩子。

總之……解開波動方程式，就能夠說明電子的運動。

波動方程式太難了……

其實對我們也是。

冒煙

如果要簡單的說明……

解開薛丁格方程式後，發現答案不只一個，而是有好幾個……

薛丁格方程式 — 計算

答案
答案
答案
答案
答案

真是令人沮喪……

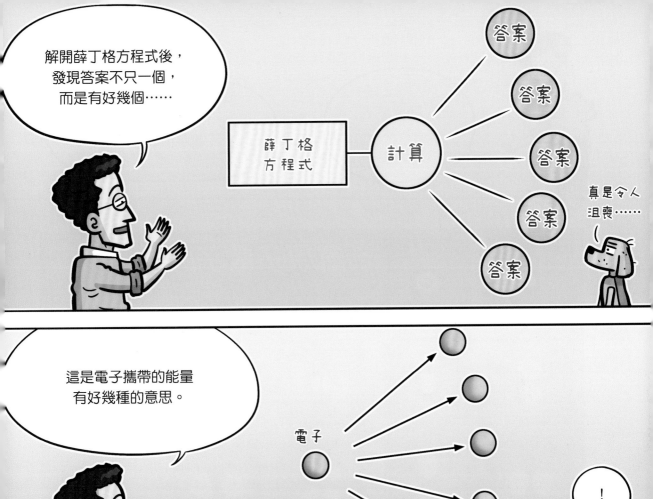

這是電子攜帶的能量有好幾種的意思。

電子

！

那怎麼知道電子帶有哪一種能量呢？

測量！

測量可以知道電子的能量，就能獲得與它成對的「波函數」。

抽

決定了
波函數後……

就可以知道
電子的狀態。

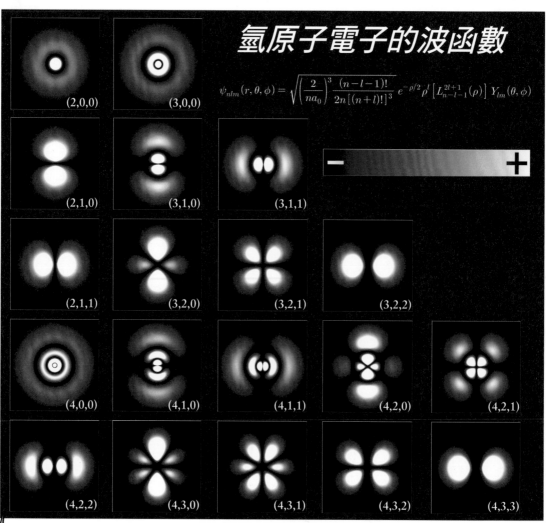

氫原子電子的波函數

$$\psi_{nlm}(r, \theta, \phi) = \sqrt{\left(\frac{2}{na_0}\right)^3 \frac{(n-l-1)!}{2n\left[(n+l)!\right]^3}} \; e^{-\rho/2} \rho^l \left[L_{n-l-1}^{2l+1}(\rho)\right] Y_{lm}(\theta, \phi)$$

(2,0,0) (3,0,0)

(2,1,0) (3,1,0) (3,1,1)

(2,1,1) (3,2,0) (3,2,1) (3,2,2)

(4,0,0) (4,1,0) (4,1,1) (4,2,0) (4,2,1)

(4,2,2) (4,3,0) (4,3,1) (4,3,2) (4,3,3)

這張圖表現出
氫原子電子的
波函數。

哇，好漂亮，
好像銀河～

樣貌
好多元

像世的
祭典

是啊，就好像
宇宙的銀河一樣，
對吧？

小小世界與
大世界……
宇宙很複雜，
但也很美麗。

我預定要在學會
發表我的波動方程式。

……

汪汪！
（沒錯，
我要回家了）

咬

滋 啪 啪

喂！
可以先商量後
再行動嗎！

等我的毛
都長回來之後，
再考慮看看。

嗯……

唉唷喂啊～

好像哪裡怪怪的？

嗯，是很怪。我快不能呼吸了，快給我下去！

有人盯著我們的感覺……

我感覺到妳現在壓在我身上！快下去！

！

轉頭

躲

啊，在那邊！

？

啪

抓到了吧！

開

你這個跟蹤狂！

？

喵嗚～

喵嗚！

是貓……

照妳所說，這隻貓就是跟蹤狂。

看吧，什麼都沒有啊。

奇怪……明明不是動物，感覺是人……

！

喵～嗚～

第6章
是生還是死
那正是問題
薛丁格的貓假想實驗

艾札克，乖！來這裡！

喵嗚～

差點被發現！

喵嗚！

噓，安靜！

好奇怪……

還是覺得很奇怪。

妳從剛剛就一直這樣說，有什麼好奇怪的，那只是一隻貓而已啊。

你曾經在學校看過貓嗎?

是沒看過,不過那可能就是一隻路過的流浪貓啊。

不對不對,一定有什麼。

是啊。有啊。就是一隻貓啊

你現在在開我玩笑嗎?

也可能是警衛新養的貓啊。

你不是喜歡科學嗎?怎麼一點懷疑的精神都沒有?

吼

貓奇怪,警衛也奇怪……

……

你也奇怪!我也奇怪!

振作一點啊……

總之，因為我的關係，
老師才會稱讚妳的科學作業，
所以妳要請我吃辣炒年糕！

欸？

你不是說家裡做好
宮廷炒年糕等你，
幹嘛還要我請？

超級無言

吼

都是妳堅持要
時空移動，
害我現在
餓得半死！

所以我要在
小吃店吃一次，
回家後再吃一次！

咕嚕嚕

掀

暴風
吸入 小吃店

兩份辣炒年糕！

喂！
喂！喂！

什麼！
居然比我還餓？

吃著吃著覺得餓！

辣炒年糕

泡麵

魚板

插
插
插

開門

嗒噠
嗒噠

歡迎光臨！

嗒噠　嗒噠

......

......

？

泡菜
大醬湯
豬腸
魚板
瞄

多允，那兩個人很奇怪，對吧？

嚼嚼

不會。

悄聲

妳不覺得這個辣炒年糕很可疑嗎？它瞪著妳耶。

哼！

我是可疑的年糕！

剛剛遇到薛丁格教授時，你不是說了貓的事情嗎？

薛丁格的貓？

喵

！

薛丁格的貓到底是什麼？是有名的明星貓嗎？

是死、又是活的貓

我也不太清楚，阿公有說過，但當時的我還太小。

那我們再去一趟時空旅行探聽不就好了。

噗！

喂，才剛回來不久就又要時空移動！

呱啊

小聲一點！會被聽到啦！

嗚 啪

！

這裡人太多，我們先出去！

喂！我還沒吃完啊！

噠 噠 噠

孩子們出去了，
我們也跟上！

站
起

我炸物都
還沒有吃完耶！

為什麼連盤子
一起帶走啊？
盤子要還回來啊！

好的
請不
擔心

我的辣炒年糕！
我的辣炒年糕啊！

不能讓他們跑了！

炸物也是……

唰

！

啪

辣炒年糕
與炸物
合體！

！

啊，抱歉！

汪汪汪！
（呃啊！）

一九三六年，
奧地利格拉茨大學

12

四十九歲

這回也是到
薛丁格教授的
研究室。

啊，不過好像
比之前年長一些。

總之我要先吃完這個。

我覺得我已經逐漸滿目瘡痍了⋯⋯

嚼 嚼

吼⋯⋯

你那個疤看起來就像個混混？

哇辣炒年糕

聞聞

站立

真是的⋯⋯

嚼 嚼 嚼

聞聞⋯⋯

奇怪，這是什麼味道啊？

咦？你們是誰？為什麼在這裡吃東西？

薛、薛丁格教授，我們想介紹新的食物給您！

？

是指這個紅色塊狀物？

是的，這是「辣炒年糕」，請試吃看看。

！

嗯，比想像中好吃。

五分鐘後

這是給人吃的食物嗎？應該是給地獄惡魔吃的吧？

教授，您的研究室裡沒有貓啊。

貓？

就是有名的
薛丁格的貓。
不就是代表有養貓嗎？

......

那個貓不是
實際存在的貓，
是只存在我腦中
的貓。

因為量子力學是
還沒成型的理論，
所以我用貓
進行了假想實驗！

量子力學是說明
原子世界的物理學，
和貓咪有什麼關係呢？

在發現
電子與原子核
之後……

物理學家認為，必須要有能說明
原子世界的全新物理學。

所以物理學家找出了
不相容原理、測不準原理和
波動方程式。

喔～

！

沒錯，就是這樣。
解開波動方程式得出的波函數，
可以告訴我們電子在
特定位置的機率。

電子
可能的
位置

電子

10%

15%

25%

25%

15%

10%

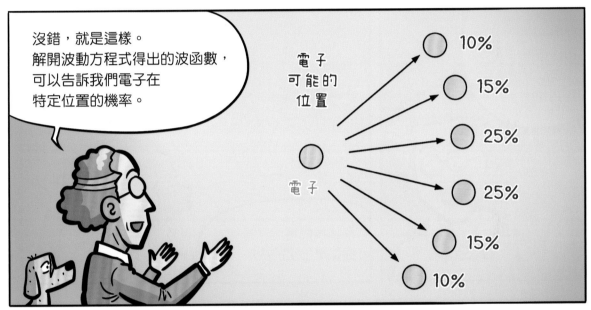

機率的話……

丟

轉轉轉轉

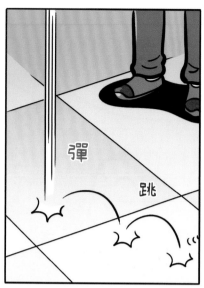

彈

跳

丟擲銅板時，
出現反面的機率是 50%！

不是正面，
就是反面！

滾
滾
滾
滾

是的。
出現正面，
或是反面的機率
各為 50%。

正面！

彈

彈

彈

丟擲銅板時，
是出現正面，
還是反面……

不論我們有沒有看到，
這都是已定的機率。

?

不過，
電子的位置與
這種情況不同。

啪！

根據量子力學，電子的位置
由觀測的瞬間決定。

觀測前……

是正面，還是反面？

詢問電子在哪邊沒有意義，因為只能知道機率而已。

在這裡的機率是？

這裡？

那裡？

哪裡？

我認為只能考慮機率的量子力學，並不完整！

所以到底和貓咪有什麼關係？

啊……

因為要證明量子力學的不完整性！

來，現在和我一起試試看假想實驗！

不用任何實驗器具，就在腦中想像。

想像有一個堅固的金屬箱子。

箱子裡面有一隻貓。

以及一個玻璃瓶，裡面裝滿足以殺死貓咪的「氰化氫」。

還有一支錘子，朝向玻璃瓶。

該不會……要用那支錘子打破玻璃瓶吧？

吼！

不行！
救救我！

敲
敲

這不是現實，是假想實驗而已

不要緊張……

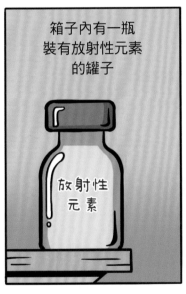

箱子內有一瓶裝有放射性元素的罐子

放射性元素

如果元素出現放射性衰變的話

就會啟動感應裝置的按鈕

讓錘子打破玻璃瓶

嘟

箱子內就會充滿劇毒氣體。

Noooooooo！

嘟

嘟

嘟

那貓咪
不就會死掉！

我反對這個實驗！

在說什麼啊

接下來要說的最為重要。

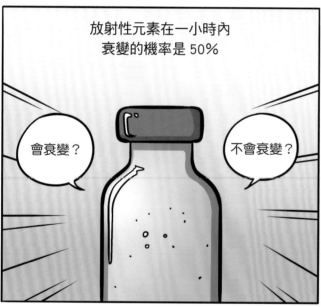

放射性元素在一小時內
衰變的機率是 50%

會衰變？

不會衰變？

這樣一來，一個小時後，
貓咪還活著的機率是多少？

！

50%！

一半！

沒錯，就機率看來，貓咪一半是死的，
一半是活的。

死　生

死掉的同時，又活著的貓！

我是超越生死的 *super cat！*

啊啊

喵！

從現實層面看來，不論是死，或是活，都只能擇一。

啊啊

擋

……

但是根據量子力學，打開這個箱子之前，僅能知道貓咪是生是死的機率。

打開箱子那一瞬間，就是決定二擇一的結果，這就是量子力學的結論。

死

生

怎麼可以這樣！量子力學根本就是一種不完整的理論！

咦？
貓咪鈴鐺？

嗚嘿嘿，
和我好搭。

♪
♫

拖

咻—啊 啊

嚼嚼

汪汪汪汪！
（啊，最後的辣炒年糕，
那是我的！）

鈴鈴

辣炒年糕
與炸物，
合體！

喵

呀

等等，孩子們的樣子和位置突然改變了！

！

嚼嚼……應該是你看錯了吧？

含糊不清

妳不要再吃了！

啊，孩子們……

嘩嘩嘩

不行！

不見了！

一起動動腦
喵喵～ 認真填空喵！

包立為了說明
電子在原子中廣泛擴散的事實，
提出同一狀態的電子必須在
不同軌域出現的
＿＿＿＿＿。喵～

根據海森堡的
＿＿＿＿＿，我們無法
同時準確得知
電子的位置與動量。
喵～喵喵喵～

這是目前為止學到的摘要。

請試著填填看。

電子的狀態，像是位置或動量，透過解開薛丁格方程式的結果，也就是 _____ 可以得知。
喵～

為了批判電子狀態僅能從機率得知的量子力學，薛丁格提出
假想實驗 _____。
喵～

答案請見第 214 頁

我不是貓！

幹嘛走這邊？
和小吃店
完全反方向啊。

又去小吃店？
你還想吃唷！

第7章
除夕的鐘聲
新的想法：物算波

不是啦……
我是要去還盤子！

啊

現在不行，
我覺得好像有人在
跟蹤我們。

什麼啊，
妳還在懷疑啊？

該不會是看太多
懸疑電影了吧。

怎麼不乾脆
去當電影
導演啊！

我的預感很準確！

吼

指

從學校出現貓開始，我的預感就不太好。

是啊是啊，妳的預感沒錯。我現在要去還盤子，然後準備回去吃宮廷炒年糕了。

你是被吃不到辣炒年糕就死掉的鬼附身了唷！

就那一點東西，我請你不就好了！

真的？真的嗎？真的嗎？真的嗎？

呃，我居然不知不覺……

抖抖抖

結果沒找到人，看來今天是失敗了。

孩子們該不會發現了吧？

抖

風聲

抖抖

所以才要
更加隱密的探聽
時空移動的祕密。

今天就
先到這裡。

站
起

好的……
下次我會更小心。

啊，
等等！

喔！難道是
孩子們又……

轉頭

要拿盤子去還。

十二月三十一日夜晚，
首爾鐘路區普信閣

哇

居然有這麼多人要來聽除夕的鐘聲！

哇啊

呃，不要推擠！

我沒有！

難不成是我推的嗎？

咦？金敏瑞！

鄭多允！

敏瑞一家也來了啊。

好久不見。人真的很多！

唉唷，敏瑞姊和哥走很近的感覺唷？該不會你們兩個……

哇！

哇嚕嚕

哇！這是什麼浪淘洶湧的感覺！

糟糕

總之你們兩個在交⋯⋯

吵死了！

嗶

跨年夜來看敲鐘儀式很正常好嗎？不要誤會！

嗚！

什麼正常！把不想來的家人硬拉來的人是你！

我們是偶然相遇的！

喊

在家裡許願也是一樣的啊！

幾天前

大家都說親耳聽到鐘聲後的許願最靈驗！

好嗎？拜託！

好嗎？

好嗎？

好嗎？

夠了。就在家裡許願。

整整一個小時

知道了，我說知道了！我們去！去不就好了！

好嗎？ 好嗎？ 好嗎？ 好嗎？ 好嗎？ 好嗎？ 好嗎？ 好嗎？ 好嗎？

×10000

敏瑞說她每年都會去看敲鐘儀式……

呵呵

摸摸 摸摸

嘿……

看那表情，很奇怪唷……

喂，不要在我面前抖身體！

妳管我！

哼

撥撥

真是的

滋滋

！

OK！
普信閣、
敲鐘……

點頭

我們也去！

再次回到現在

應該趁冬允不在
的時候再求媽媽，
差點就被發現了……

什麼？
求媽媽？
發現？

沒有！
沒事！

總之就是
偶然、偶然
反覆的偶然
就會成為
因緣……

調查歸調查，
我們也來許願吧！
好的！
哇
哇
希望可以得知
時空移動的祕密！
希望我能與
旁邊這位男性
有好結果。
嗚啊啊～
嗚啊啊啊！
哇汪汪汪汪汪！
（為什麼把我留在家裡
自己去！
連玩具也不給我！）
哐啊
（氣死我了！）
別人家
都如此
和睦……
哈哈
來許願吧
普信閣敲鐘
開始之際……
我什麼都不需要！我要
自己玩！
呃汪汪～

......

嗡

鐘聲為什麼可以悠揚的傳開呢？

ㄅ一ㄅ一ㄅ一ㄅ一ㄅ

這是因為「拍音現象」。

嗡嗡嗡

什麼？癩蛤蟆？ *

不是癩蛤蟆，是「拍音」！妳這隻癩蛤蟆……

......

＊注：拍音與癩蝦蟆的韓文音相似，敏瑞誤聽成癩蛤蟆。

141

敲鐘時，會出現兩種振動頻率
略微不同的聲波。

兩個聲音相互交疊後，
就會形成忽大忽小的週期性聲音。

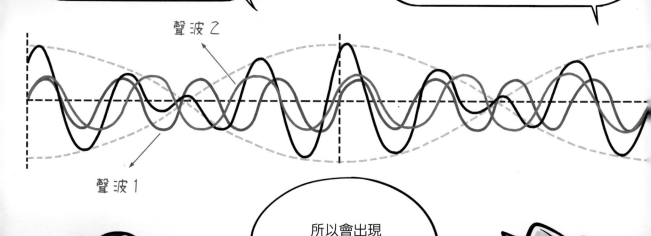

聲波乙

聲波1

所以會出現
「嗡～嗡～」的餘音。

聲音透過空氣粒子的振動傳遞波動。

你以為時空移動時
我都沒學到東西嗎？

知道啦。

最具代表性的例子就是波浪。

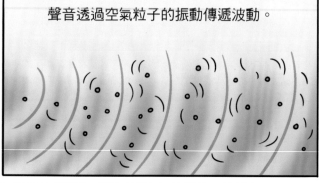

溜滑梯

這我也知道。

等等！
剛剛他們說了
時空移動對吧？

好像是？

你如果一直小看我的話，
我是可以隨時開啟
時空移動的。

吼！

哇哩哩

唉唷！

啊！

喂！妳和我
在這邊合體的話
怎麼行……

暈眩

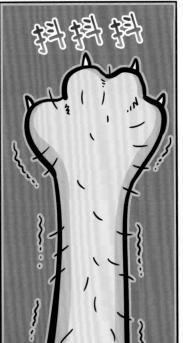

抖抖抖

抖
抖

汪汪汪！
（真壞、真壞！）

嘎嗚汪汪！
（先是把我丟在家裡，正準備要玩球時，又把我拉來時空移動？）

一九二三年，法國巴黎索邦大學

喂！滾開！你這是在幹嘛！

妳才是！

推

我才要氣死，好不容易快拿到球了，卻被拖來這裡……

又不能咬他們……

氣

你們在
我的書桌上
幹嘛！

在這最重要的
時候！

都是你們
害我好不容易
要冒出的想法
消失了！

就在我
德布羅意偉大的
理論要出來的
這一刻！

這隻刺蝟又是什麼？
是誰把牠從
生物研究室帶出來的？

我是狗

其、其實是有問題
想要請問教授……

教授？

我不是教授，
我是博士班的學生。

！

那可以稱呼您博士嗎？

博士！

博士……也可以。

突然……

心情有點輕飄飄

你想問什麼？

光……

波粒二象性！

喔，這我專門！你找對人了！

心情整個開朗

原本科學家認為光帶有波動性質。

光

光電子

可根據愛因斯坦的光電效應研究，光還帶有粒子性質。

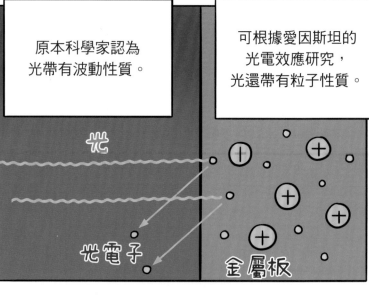

金屬板

這就是光的波粒二象性，同時具有粒子與波動性質。

沒錯，就是這樣。不過，只有光具有波粒二象性嗎？

如果光具有
波粒二象性……

電子或是質子
這類的粒子,
會不會也具有
波粒二象性呢?

我在想光、
原子世界、
所有的物質
是不是……

都具有波粒二象性
基本性質。

意思是光
並沒有比較
特別

所以我的身體
也是由帶有二象性的
原子組成的?

?

凹嗚

一下子是狗,
一下子是刺蝟……
我懂了。

你在幹嘛?

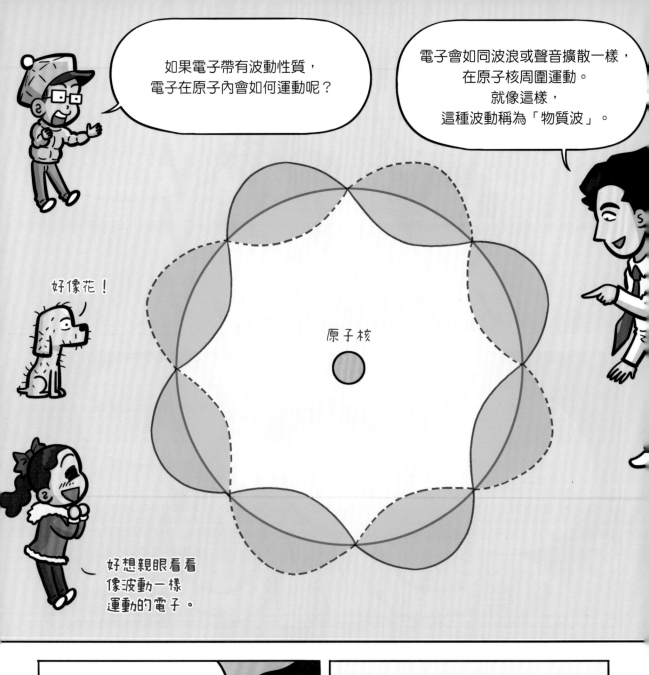

如果電子帶有波動性質，
電子在原子內會如何運動呢？

電子會如同波浪或聲音擴散一樣，
在原子核周圍運動。
就像這樣，
這種波動稱為「物質波」。

好像花！

原子核

好想親眼看看
像波動一樣
運動的電子。

波動性質與粒子性質的
差異是什麼？

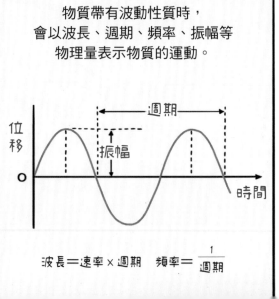

物質帶有波動性質時，
會以波長、週期、頻率、振幅等
物理量表示物質的運動。

週期

位移

振幅

O

時間

波長＝速率×週期　　頻率＝$\dfrac{1}{週期}$

帶有粒子性質時，
則是以質量、位置、動量等物理量
來表示物質的運動。

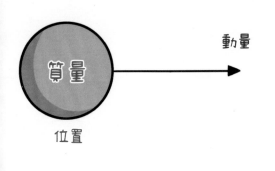

動量

位置

所以電子一類的粒子
帶有波動性質時……

原子核

就是以波長、頻率、週期、
振幅來表示運動。

聰明！

嘿嘿！

好像 E.T. 的手勢……

HIS ADVENTURE ON EARTH

E.T.
THE EXTRA TERRESTRIAL

小意思

碰

總有一天，
一定能夠直接以實驗證實
電子的波動性。

握拳！

別擔心，
博士您六年後
會獲得諾貝爾獎……

吵死了！

捏

也說不一定！

是嗎？
那先說聲
謝謝啦。

只要能完成這份論文，拿到諾貝爾獎就不是問題。

我來撿。

掉落

沒關係，那不是重要的部分。

嗚

暈眩

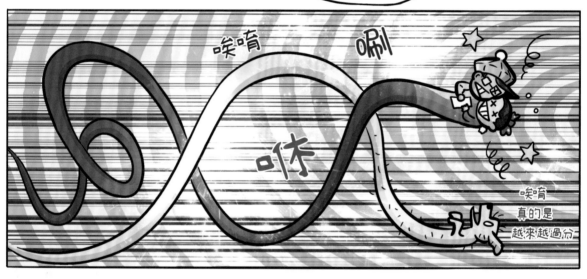

唉唷

唰

咻

唉唷真的是越來越過分

噹～～

唰

我的頭裡面也……

聽得到鐘聲……

砰

孩子們究竟何時要時空移動啊？

今天也會是空等嗎……

咦，他們的頭怎麼突然腫起來？

應該是人太多，撞到了吧。

等等！

該不會他們已經……

哐

另一方面

真的是無奇不有！

哇嗚！（太帥了，一回來球就在眼前！）

呃呃！（可現在……問題是要怎麼下去！）

登

第 8 章

冰雪王國？
只能靠機率分析的電子

就算是第一次溜，
這也太誇張了吧？
怎麼連三十秒
都撐不了。

敏瑞姊妳
也不是一開始
就很厲害啊。

來，我示範給你們看，你們跟著學就好。

轉！

迴旋！

看清楚了吧？只要好好練習，每個人都會。

……

啊！所以每天練習五小時以上，努力減肥，冒著腳受傷的風險……

不論是死還是活，只要瘋狂溜冰就可以了，是嗎？

嗯。

祝妳一個人
玩得開心！

鞠躬

嘿！

知道啦。
你們不要走！
我是開玩笑的啦！

居然向連站
都不會站的人

說什麼跳躍…

一、二、一、二。

好像帶孩子
學走路一樣。

這好像……

阿噗噗

噗吧！

真是好笑的傢伙，
連溜冰都不會。

抖抖

你自己也….

抖
抖
抖

哇！

怎麼到了這個年紀，
還不會溜冰啊？

不要推我！
我說
不要推我！

天啊！

不要害怕，
保持平衡，
抓住我的手……

抓

住

這樣麻煩妳，
真的很抱歉。

第一次
都是這樣的。

害怕的話，就學不會溜冰了。
通常都是邊跌倒邊學的！

是嗎？

很好！
那就放膽
溜溜看吧！

啪

啊！
停不下來

驚

啊

好，那我
放手囉？

咦？喔！

哇、哇！
可以了、可以了！

冬允，妳也
試試看。

很好！

撲通

哐

劈腿

哐

啪

呼啊啊

嘩嚕嚕

哇～
是在舉辦
劈腿大會吧。

好棒！
是體操選手嗎？

還是
跆拳道選手？

啪

嘎嘎

嘎嘎

不要笑！

笑到
哭……

溜冰溜著溜著，
想到了「復冰現象」。

復冰
現象？

不是
劈腿
現象？

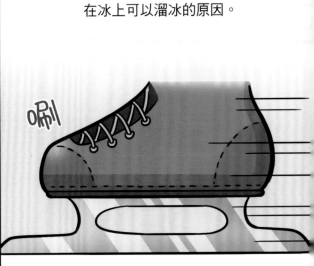

長久以來，科學家一直在研究
在冰上可以溜冰的原因。

唰

找到的原因
就是復冰現象。

復冰

復冰

復冰

所以
復冰現象
是什麼？

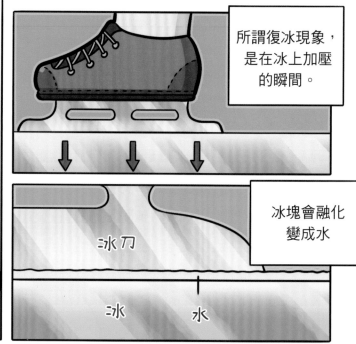

所謂復冰現象，
是在冰上加壓
的瞬間。

冰刀

冰塊會融化
變成水

冰　　水

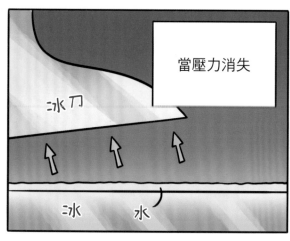

當壓力消失

冰刀

冰　水

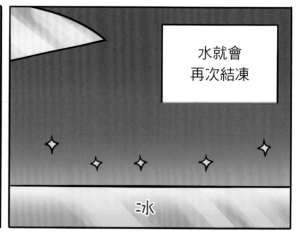

水就會
再次結凍

冰

復冰

恢復的「復」結冰的「冰」

啊！所以
再次結冰就稱為
「復冰」啊！

聰明唷！

你也是
居然知
復冰

這氣氛……

現在
是怎樣

是因為與水表面的摩擦變小才能溜冰的吧。

有一段時期確實是這樣想的。

有一段時期？

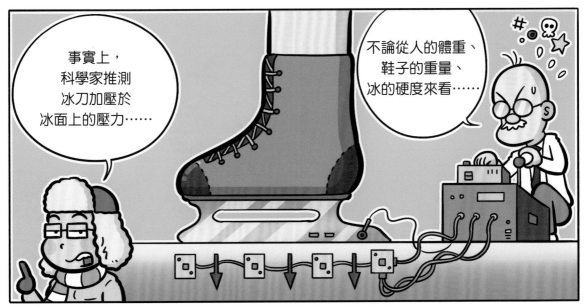

事實上，科學家推測冰刀加壓於冰面上的壓力……

不論從人的體重、鞋子的重量、冰的硬度來看……

冰刀的壓力都不足以讓冰融化。

什麼啊，那復冰現象不就沒什麼了。

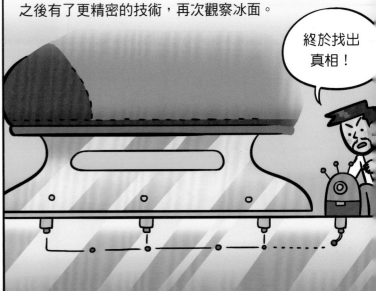

之後有了更精密的技術，再次觀察冰面。

終於找出真相！

観察結果發現，
冰的表面有一層，是冰裡面沒有的。

| 冰表面分子 | 不規則 |
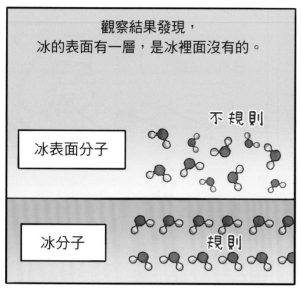
| 冰分子 | 規則 |

稱為「流動層」。

流動層？
這名詞好難。

流動層的分子數量比冰裡面的少。
所以分子之間的空間就更大。

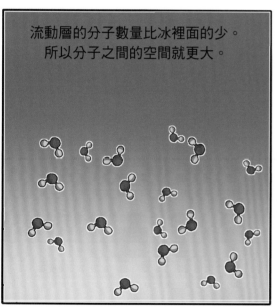

分子可以在
廣闊空間裡移動，
所以就算沒有水
也能滑動。

原來如此！

滑
滑
滑
滑

好厲害，多允⋯⋯

這沒
什麼。

心動

喂喂⋯⋯

在妹妹面前是在幹嘛！

只有你們兩個時再去談戀愛！

哇呱呱

什麼鬼……我們是在討論科學啊。

就是說啊，我們連玩的時候，都不忘科學。該說是科學跟玩樂結……

合……嗎？

可以先商量嗎……

對不起……說得太順口了。

喀嘍喀嘍

滋啪啪

一九二六年，
德國哥廷根大學

風吹

波函數……
機率……

?

機率會不會是
說明原子最佳的
方法呢……

救……

求
我們

轉轉

呃！你們在那裡做什麼？

十分鐘後

這裡有暖爐，
先暖一下身體吧。

謝謝您……

抖抖

那隻狗一直咬著
胡蘿蔔……

哎哎
哎哎

還有奇怪的
孩子們……

我是哥廷根大學的
馬克斯・玻恩教授。

我們是鄭多允、
金敏瑞，
還有 Mix。

這裡好像
德布羅意博士的
研究室……

等等！
妳剛剛說
德布羅意？

我正在研究
德布羅意博士
所說的物質波。

果然……在同一時期，
許多科學家都會研究
相似的領域。

這樣才能讓科學一步、
一步的發展……

物質波的話，
是指電子像
波一樣運動……

沒錯！

兩年前，德布羅意博士發表了物質波的論文。

內容是電子一類的粒子就像光同時擁有波動與粒子性質一樣，也擁有波動的性質。

原子核

是上次學到的內容！

所以可以用波動方程式說明電子的運動。

$$\frac{\partial^2 u}{\partial t^2} = c^2 \nabla^2 u$$

是指不能用牛頓古典力學，需要新的定律對吧？

是的！現在這是全球物理學界的話題！

可是波動方程式的概念真的很難懂。

我也不懂你。幹嘛咬著胡蘿蔔啊？

咬碎咬碎

嗯，你們知道原子是由原子核與電子組成的對吧？

是的！

這是透過湯姆森、拉塞福、波耳等優秀的科學家研究發現的。

是的。

不過……

原子內的電子究竟如何運動？找出這一問題的答案更加重要。

知道有電子，也需要知道電子如何運動，才能理解原子裡面發生的事情。

電子

嘻嘻

是的！

波耳以氫的線光譜為根據，
認為電子停留在特定軌道。

而且電子接受或失去能量時，
會移動到另一個軌道。

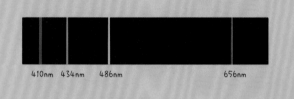

還有包立的不相容原理。

以及海森堡
測不準原理。

$$\Delta x \Delta p \geq \frac{\hbar}{2}$$

對電子可以有
一定程度的了解。

？

我知道不相容原理，
測不準原理是什麼？

啊！測不準原理
是到一九二七年
才提出的！
現在是一年前！

總之，兩年前德布羅意博士
發表了原子內的電子，
就像波動一樣移動的
物質波概念。

啊……
沒、沒事……

原子核

還有，薛丁格教授主張透過
波動方程式解開電子運動狀態。

但是我用波動方程式解了好幾次，
都沒辦法明確解出像波動一樣
移動的電子的運動狀態。

是哪裡出了
問題呢？

所以我得出的
結論是……

波動方程式
解出來的結果，
還是要用
機率來分析！

薛丁格教授認為透過波動方程式
計算的結果——波函數，
是表示帶有特定能量的
電子的波動。

不過，我認為
波函數是表示電子
帶有任一能量的機率。

啊，好難……
頭好暈……

你為什麼
咬著胡蘿蔔，
真的很難懂
你在想什麼……

咬咬

所以……解開波動方程式時，
雖然無法正確得知
電子攜帶何種能量……

電子

能量
？

但可以知道
帶著特定能量的
機率嗎？

賓果！

能量

電子

不只是電子的位置，
連能量都只能知道機率，
真的是測不準的世界啊……

喔喔
心裡真是
太悶了

敲敲

或許薛丁格教授
不會認同只能得知
機率的想法。

NO！

為什麼
這麼想？

因為機率不明確啊。

滾滾滾滾 4！

就像擲骰子時，
我們不知道會出現
1 到 6 哪個數字一樣。

自然界如此的
不確定，
真的很奇怪。

這就是自然界的
本質！

所以才會出現
薛丁格的貓
假想實驗吧。

喵～

透過這一假想實驗，
主張機率分析是不正確的。

你看看我的書，
若知道具體內容的話，
應該會同意我的想法！

暈
眩

唉唷，現在完全不掩飾了啊。

什麼啦！

看不下去了，沒辦法再和你們待在一起。我走了。

隨便妳！

等等，就這樣讓她走的話，一定會去向爸媽告狀的……

啪

冬允！妳想吃什麼？

嘿

烏龍麵、杯麵、魚餅、冰淇淋。都要兩人份！

嚇到

終於找到了！
我找到證據了！

真的嗎？

他們的
位置……

瞬間改變！

刷

一定是在這期間
時空移動了！

！

越來越能確定就是
時空移動了！

另一方面

知道我為什麼
咀嚼著
胡蘿蔔嗎？

咬咬

咬咬

是為了報復多允
隨意開啟時空移動！

我要毀了
多允的雪人！

咬咬
咬

第9章
承載著愛的腳踏車
粒子性和波動性不會同時出現

哈哈，等等我！妳騎太快了！

呀呼，好開心！

哇啪

我期待的畫面是這個……

唧唧

閃亮

閃亮亮

登登登

今天就拜託你啦！

我會嚴格教妳的，做好心理準備吧！

跟我來。

你不教我騎腳踏車，要去哪裡？

去借一般的兩輪腳踏車！

吼！

一開始就要騎兩輪的學得才快！

哼！

我要租一台腳踏車。

……

出租店

那個女生……
是愛犬店老闆！
把我的毛剪……
不，是整個剃掉！

機器聲

想起那時就覺得
全身發冷！

我們為什麼來這裡？
而且還是
腳踏車公園……

什麼為什麼？
孩子們來這裡，
當然要跟來啊！

上次不是說已經掌握到孩子們
時空移動的證據了嗎？

所以？

刷

以那個證據為基礎，
組織就會指示下一步該怎麼做。
為什麼非要……

握拳

什麼非要！
該工作的時候，
就是要工作！

現在明明休假中啊！

阿哩

就、就算是這樣！
休假的時候
也不能忽略工作！

！

我有使命感，
我的生命就是要
獻給組織！

休假太浪費

風吹飛～

我就像一隻
荒涼原野上狩獵
孤獨鬣狗…

不愧是學長！
對工作的熱情
就是和別人不同！
可是，還是要遵守
工作時間啊……

我們也騎車
跟上去吧！

啊……
我的休假……。。

可……可是我……

轉頭

什麼？

我不會騎
腳踏車……

我教妳。
跟我來！

妳幾歲了，連腳踏車都不會騎！

都幾歲了，連溜冰都不會的人又是誰？

腳踏車
出租店

我要租一台腳踏車。

呃哩哩！
（那兩人一定有什麼陰謀！）

咦，Mix
跑去哪裡了？

應該是去上廁所了吧。

牠很聰明，會自己來找我們的。

騎得好好的，幹嘛回頭看？

你騙我！你這叛徒！

吼！

你放手了啊！

妳看、妳看！一直往後看，就會失去重心！

啊啊啊啊

搖晃

搖晃

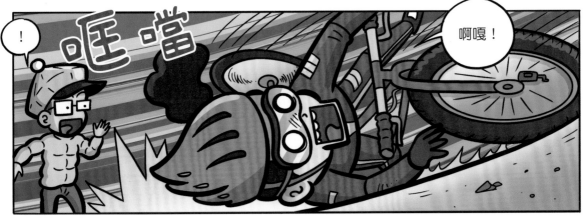

！

哐噹

啊嘎！

嗯……還好。

敏瑞，妳還好嗎？有受傷吧？

等等！你剛剛說什麼？「有受傷吧？」你是希望我受傷啊！

嘎嘎嘎嘎 笑死我了！

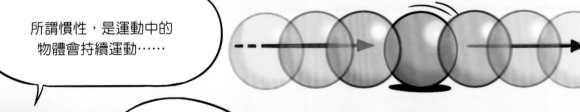

換句話說，
慣性就是維持運動狀態的性質。

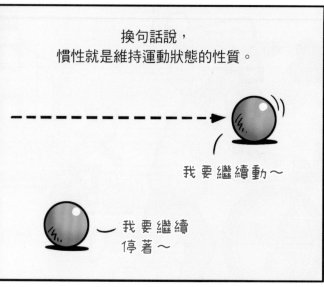

我要繼續動～

我要繼續
停著～

轉動慣性就是
持續維持轉動狀態
的性質？

對！

如果要讓陀螺
不倒下的話？

陀螺

就要繼續旋轉……

！

啊，我知道了！

想騎腳踏車不跌倒的話，
就必須一直踩腳踏板
轉動輪子往前走！

沒錯，
就是這樣

要保持平衡，
就要不停的動！

這是愛因斯坦
說過的話！

看來更值得
信任了哨？

是嗎？

然後我現在
要說……

什麼？

！

金敏瑞要進步的話，
我就必須放手！

要保持平衡，
就需要不斷踩踏板！

好，
我試試看！
你可以放手了！

放

啊呀！

喔

唧

唧

唧

要踩踏板，
不要只轉把手……

近身 1 公尺！
可以清楚聽到
他們在說什……

暈眩

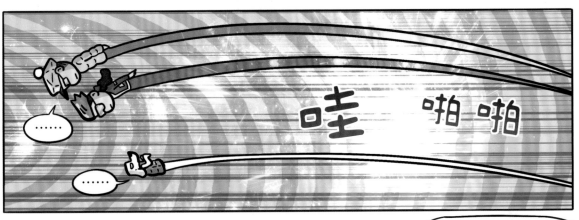

哇　　啪 啪

……

……

一九二七年，
丹麥哥本哈根大學

喔，好像
來過這裡？

「結合」這個詞
要小心點使用！

我正在
追蹤奇怪
的人……

你們是誰？
為什麼出現在我房間？
還有這女孩的衣服，
好像太空裝？

咦！波耳教授？

原來這位就是
波耳教授！

哈哈，這麼快
就認出我啦。
我確實稍微有點名氣。

可是，你比之前
老了好多。

我……
我看起來有
那麼老嗎？

啊，不、不是，
是與一九一三年
拍的照片相比，
年紀大了許多
的意思……

挫 折 嗚

迅速恢復

原來是那樣啊！
一九一三年的話，
是我年輕的時候。
那時超級熱衷於
原子研究。

410nm 434nm 486nm   656nm

您說過分析氫的線光譜，
可以知道原子的架構……

?

捏

是論文上面寫的！

原來如此

我發表了原子模型之後，全世界的科學家們……

都爭先恐後研究原子的構造。

原子內的電子，

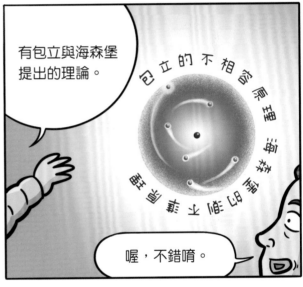

有包立與海森堡提出的理論。

包立的不相容原理 海森堡 矩陣力學的

喔，不錯唷。

還有電子的運動，可以用波動方程式說明。

波動方程式 包立的不相容原理 海森堡 矩陣力學的

是薛丁格教授的波動方程式？

是的。

我們可以說，光的波粒二象性開啟了全新的物理學。

光同時具有粒子與波動的性質！

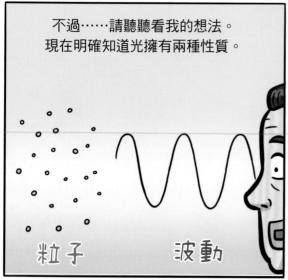

不過……請聽聽看我的想法。現在明確知道光擁有兩種性質。

粒子　波動

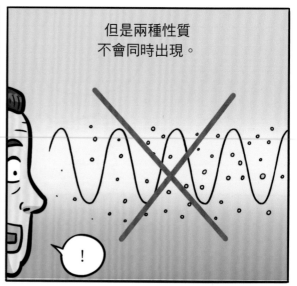

但是兩種性質不會同時出現。

！

我也有同樣的問題，很難想像粒子跟波動的性質同時出現的狀況。

粒動？
粒波？
波粒？　子動？

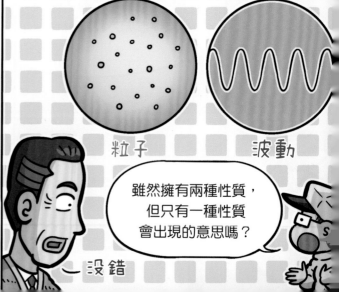

粒子　波動

雖然擁有兩種性質，但只有一種性質會出現的意思嗎？

沒錯

不過要知道組成
原子的粒子的狀態……

就必須兩種性質都要考慮才行。

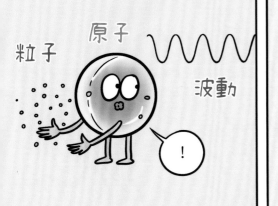

原子

粒子

波動

！

啊，
好難啊……

其實連物理學家都還
無法完全了解，不是嗎？

更具體
的說……

做干涉跟繞射實驗時，
光出現波動性質。

而光電效應實驗時，
光出現粒子的性質。

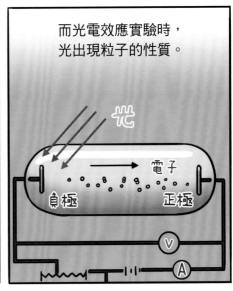

所以根據不同實驗，
會出現粒子，
或是波動性質嗎？

居然會根據
實驗不同
而不同……

所以做實驗的
科學家
不就是
神！

是的。

189

總之，我要繼續去追蹤那兩個怪人才行。

咬

暈眩

哇 啪 啪

啊！

嘎！

為什麼我會在這裡？！

汪汪

汪汪

你為什麼在我頭上？！

喔！鄭多允！怎麼會在這裡遇到你？

喔，金敏瑞！妳怎麼在這裡？

第10章
爭論是科學的核心！
量子力學界的大辯論

悄悄話 悄悄話

直接見面就好，為什麼要裝作不小心碰到面啊？

悄悄話 悄悄話

冬允起了疑心，一直探聽中。有被發現的危險。

什麼？

就是這個……

邀請函？

邀請函

時間：一九二七年十月二十四～二十九日

地點：布魯塞爾索爾維生理學研究所

特別演講：尼爾斯‧波耳

嗯，上次見到波耳教授時，教授給我的。

！

所以根據不同實驗，會出現粒子，或是波動性質嗎？

是的。

對了，孩子們！索爾維會議馬上就要開幕了……

你們一定要來。

？

咦，這是什麼？

咬

啊，是回來之前教授給我們的那個！

從剛剛開始就一直跟著我們，該不會……

原來是邀請函。

我看一下。

暈眩

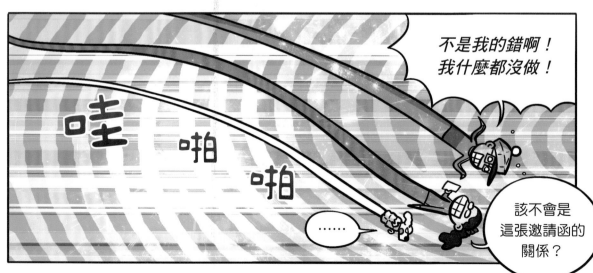

不是我的錯啊！我什麼都沒做！

哇

啪

啪

……

該不會是這張邀請函的關係？

一九二七年，
十月二十四日，
比利時布魯塞爾

這裡不是
研究室啊？

好多人。

你們聽說了嗎？
愛因斯坦會來比利時！

瑪里·居禮
好像也會來！

馬克斯·普朗克！

聽說波耳
也會來？

什⋯⋯⋯⋯
什麼啊，
這些傳聞？

波耳教授
會以量子力學
為題演講！

啊，我也好想
參加！

啊！這裡應該就是
索爾維生理學研究所。

是邀請函上
寫的地點⋯⋯

Mix，你怎麼如此鎮定？

你是怎麼了？

……

山是山，水是水。

時空移動都十四個月了，我也學會放棄了。

連報紙都大肆報導索爾維會議。

哇！報紙的字我看得懂耶！

咦？

是收到邀請函來的吧！很好。

開心

波耳教授

你們每次的衣服都很特別唷？

他記得我們？

悄悄話

就是說啊……

索爾維會議是什麼？
為什麼要邀請我們呢？

這是比利時企業家 ——
歐內斯特・索爾維
創辦的首個
物理學學會。

邀請全世界
有名物理學家共同參與，
分享交流最新
物理學的學術會議。

最新物理學
的話……
量子力學？

沒錯。

波耳！會議要開始了，
該進去了。

好的！

啊，那位是
普朗克教授？

你們也快點
跟上。

好。

197

他們也像波耳教授一樣，記得我們嗎？

這個嘛？之前只有再次見到費米教授時，他記得……

異常緊張

來試試看。

呃？

擦

薛丁格教授！

？

薛丁格的貓是生，還是死？

咦？妳是去年在研究室遇到的那個孩子！

是的，我是敏瑞。

欸，記得耶！

咦？妳是三年前來我研究室的那個孩子……妳的男朋友沒來嗎？

你也認識這兩個孩子？

不相容原理的包立教授！他不是我的男朋友！

你也來啦！

您好！
又見面了

就說他
不是！

男朋友來了！

你們是不久前的
那個金敏瑞，
還有鄭……多允？

測不準原理！
海森堡教授！

海森堡，
這兩個孩子是……
欸，原來是你們！

反物質的
狄拉克教授！

我好像在哪裡
見過你？

你是四年前
到過我研究室的
孩子對吧？

康普頓散射的
康普頓教授！

我不認識這位。

是我單獨時空移動
時遇見的人。

悄悄話

悄悄話

我沒見過她，是你的女朋友嗎？

才不是！

不是
NO!!!

......

真是的，科學家為什麼這麼關心別人的隱私？

不需要這麼激動和強烈否認吧......

物質波理論的德布羅意博士！

像刺蝟的狗狗沒來嗎？

以機率方式分析波函數的玻恩教授！

是在湖中溜冰的那兩個孩子？

量子力學創始人普朗克教授！

天啊！

有點久遠，我的記憶不太可靠。

還有光電效應與相對論的愛因斯坦教授！

......

啊！那位是
居禮教授？

大家都認識
這兩個孩子啊？

這兩個傢伙
還頗有名的唷！

是我邀請
也們來的。

您好，
居禮教授！

嗯？
怎麼了？

喔！

初次見面，
請多多指教。

請多多指教……
我一直很想與您見面。

波耳教授
邀請來的孩子，
應該就不是
普通的孩子。

這是
我的榮幸！

真是
太客氣了～

203

歡迎蒞臨
第五屆
索爾維會議！

各位尊敬的
學者們！

鏘
鏘

鏘
鏘

今天我邀請了
著名的學者分享
「量子力學的解析」。

應該會分享
目前為止整理出來的
量子力學結論。

首先，
粒子的狀態由
波函數決定。

波函數則
可以用機率
來分析。

機率？這個嘛……
神應該不會容許
這種事……

第二，所有物理量的測量結果，
都深受觀測方式的影響。

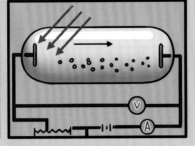

沒錯！
不同的觀測方式
會造就不同的
測量結果！

第三，
位置與動量
是互相受限的
物理量。

能量
動量
位置
時間

根據海森堡教授的測不準原理，
無法同時準確的測量。

$$\Delta x \Delta p \geq \frac{\hbar}{2}$$

點頭

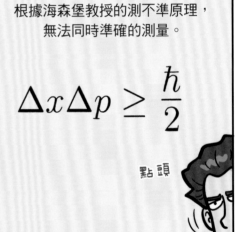

第四，
電子一類的粒子
具有粒子與波動的
互補性質。

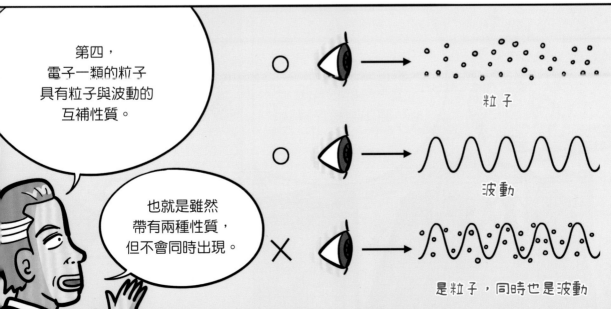

粒子

波動

也就是雖然
帶有兩種性質，
但不會同時出現。

是粒子，同時也是波動

第五，
量子力學狀態中，
特定物理量
是不連續的。

舉例來說，假設某一粒子的能量
從 100 變為 200。

100　　　**200**

根據古典力學，就會以連續的量
從 100 逐漸增加到 200。

100　　120 … 140 … 160 … 180　→　**200**

但依據量子力學，
這一粒子的能量會從 100……

……

100

直接跳到 200！

200

唰　　啪

兩個能量狀態
是不連續的。

我提議將
這一分析命名為
「哥本哈根詮釋」。

波耳教授

我無法認同
粒子與波動具有互補性。
至於粒子狀態
僅能得知機率的說法
太不像話了。

愛因斯坦博士
說得沒錯！

哥本哈根詮釋
沒有問題。

吵雜

吵雜

……

愛因斯坦教授，
光或電子確實具有
粒子與波動的性質。

但是這兩種性質
絕對不可能
同時出現！

光同時具有
粒子與波動性質
已經是既定的事實！

自然現象都有其原因，必須用「因果關係」說明其結果才行。

……

你說自然現象是以機率決定？這絕對不可能！

在像原子這一類極小的世界裡，粒子的狀態就僅能得知機率！

粒子狀態必須以因果關係為依據，正確推測才可以！

神不會用擲骰子的方式決定未來！

請不要任意對神指手畫腳！

愛因斯坦教授、波耳教授！究竟誰對誰錯，可以再繼續研究的！

站起來

鄭多允不要介入！

物理學家
保羅・埃倫費斯特

好了、好了，就像孩子們說的那樣，請不要吵架……舊約聖經不是也有這樣說過嗎？

「神讓這世上的人，有著不同的語言。」

就如同這句話所說，每個人都會有不同的想法。

不久後

哇，果然是一場敦烈的辯論！

希望他們兩位不會因為這樣而漸行漸遠……

呵呵！
不會有這種事情，
科學本來就需要爭辯
才會有發展。

當然。

看到兩位目前意見一致，
我們就先走了……

唰

唰

這次時空移動
我們沒說關鍵字
就開始了。

就是說啊。
好像是因為這張
邀請函。

是因為你和我同時拿著
這張邀請函的關係。

是嗎？所以要
好好利用這段時間
從時空旅行中
獲得的東西。

下次吧，
現在先運動

……

好像是不知不覺
就時空移動的樣子。

已經
移動過了？

好像是有什麼邀請函，
所以在他們也不知道的
情況下就移動了？

那麼我們用那張邀請函
就可以時空移動了。

說什麼啊！
誰會邀請我……

啊，等等！
或許真的
可以用
這個辦法！

他們果然是
壞人！

登

漸漸冒出的陰謀！這兩個人究竟是誰？
他們的身分將在下集揭曉！　待續

一起動動腦
索爾維會議，這是誰的主張？

第五屆索爾維會議開幕，參加者眾說紛紜的討論著，
但哪些話是誰說的，有點搞不清楚。
請將科學家連上他所說的話。

尼爾斯・波耳

馬克斯・玻恩

物質具有
粒子與波動的性質，
但不論用何種實驗，
兩種性質都只會
出現其中一種。

解開波動方程式的結果，
也就是波函數，
必須用機率解析。
也就是只能得知
粒子狀態的機率。

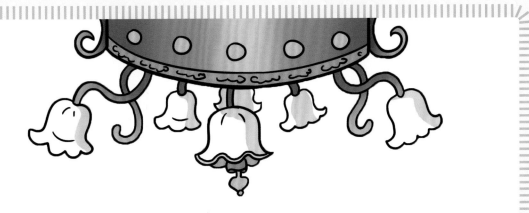

阿爾伯特・愛因斯坦

路易・德布羅意

粒子的狀態
無法靠機率決定，
所以目前的量子力學
是不完整的理論。

不只是光，
電子一類的物質
也具有波動的性質。

答案請見第 214 頁

喵喵～
認真填空喵！

　　不相容原理

　　測不準原理

　　波函數

　　薛丁格的貓

索爾維會議，這是誰的主張？

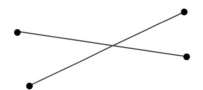

用兩種遊戲方式享受
科學家角色卡

第一種遊戲方法　一二三，誰贏了？
組合拿到的卡片，分數最高的就是贏家。

1. 混合所有卡片後，平均分配卡片，卡片只能自己看。

2. 所有參加者喊出「一二三」之後，同時秀出卡片，將可以組合的卡片兩兩一組拿出來，沒有的話就拿一張。

3. 擺出的卡片分數最高的人可以拿走所有的卡片。

4. 遊戲持續進行，最後會有一人拿走全部卡片，那個人就是勝者，遊戲結束！

第二種遊戲方法　是誰是誰？猜猜那是誰！
模仿角色的表情與行為，猜猜是誰的遊戲。

1. 混合卡片後，一樣分配好卡片，只能自己看。

2. 決定好參加者遊戲順序。

3. 輪到自己時，選出自己手上的一張卡片，並模仿表情與行為。

4. 其他人猜猜看是哪一位科學家，猜對的人可以拿走那張卡片。

5. 遊戲持續進行，最後會有一人失去所有卡片，遊戲結束，持有最多卡片者就是勝者。

卡片數量越多，遊戲會越好玩，對吧？第 4、5 集會有更多科學家角色卡，敬請期待！

小麥田

知識館
漫畫量子力學 3
粒子世界大發現：
電子的運動、薛丁格的貓、反物質……
現代物理學誕生啦！
초등학생을 위한 양자역학 3: 슈뢰딩거의 고양이

作　　　者	李億周 이억주
繪　　　者	洪承佑 홍승우
譯　　　者	陳聖薇
審　　　定	簡麗賢
封 面 設 計	翁秋燕
內 頁 編 排	傅婉琪
主　　　編	汪郁潔
責 任 編 輯	蔡依帆

國 際 版 權	吳玲緯　楊靜
行　　　銷	闕志勳　吳宇軒　余一霞
業　　　務	李再星　李振東　陳美燕
總 編 輯	巫維珍
編 輯 總 監	劉麗真
發 行 人	涂玉雲
出　　　版	小麥田出版

초등학생을 위한 양자역학 시리즈 3
(Quantum Mechanics for Young Readers 3)
Copyright © 2020, 2021 by Donga Science, 이억주(Yeokju Lee, 李億周), 홍승우(Hong Seung Woo, 洪承佑), 최준곤(Junegone Chay, 崔埈錕)
All rights reserved.
Complex Chinese Copyright © 2023 Rye Field Publications, a division of Cite Publishing Ltd.
Complex Chinese translation rights arranged with Bookhouse Publishers Co., Ltd. through Eric Yang Agency.

國家圖書館出版品預行編目 (CIP) 資料

漫畫量子力學 . 3, 粒子世界大發現：電子的運動、薛丁格的貓、反物質……現代物理學誕生啦！ / 李億周著；洪承佑繪；陳聖薇譯 . -- 初版 . -- 臺北市：小麥田出版：英屬蓋曼群島商家庭傳媒股份有限公司城邦分公司發行, 2023.11
面；　公分 . -- (小麥田知識館)
譯自：초등학생을 위한 양자역학 . 3：슈뢰딩거의 고양이
ISBN：978-626-7281-31-4(平裝)

1.CST: 物理學 2.CST: 量子力學
3.CST: 漫畫
330　　112011093

地址：臺北市民生東路二段 141 號 5 樓
電話：02-25007696· 傳真：02-25001967

發　　　行	英屬蓋曼群島商家庭傳媒股份有限公司城邦分公司

地址：臺北市中山區民生東路二段 141 號 11 樓
網址：http://www.cite.com.tw
客服專線：02-25007718；25007719
24 小時傳真專線：02-25001990；25001991
服務時間：週一至週五 09:30-12:00；13:30-17:00
劃撥帳號：19863813 戶名：書虫股份有限公司
讀者服務信箱：service@readingclub.com.tw

香港發行所	城邦（香港）出版集團有限公司

香港灣仔駱克道 193 號東超商業中心 1F
電話：852-25086231· 傳真：852-25789337

馬新發行所	城邦（馬新）出版集團

Cite(M) Sdn. Bhd.
41, Jalan Radin Anum, Bandar Baru Sri Petaling, 57000 Kuala Lumpur, Malaysia.
電話：(603)90563833· 傳真：(603)90576622
讀者服務信箱：services@cite.my

麥田部落格	http:// ryefield.pixnet.net
印　　　刷	漾格科技股份有限公司
初　　　版	2023 年 11 月
售　　　價	480 元

城邦讀書花園
www.cite.com.tw
書店網址：www.cite.com.tw

科學家角色卡 （請沿虛線剪下使用）

一張張
剪下使用。

約翰・斯特拉特

21

英國物理學家（1842～1919）
以波長越短、光越散射的「光散射理論」說明天
空是藍色的原因。

| 分數 2300 | 可與 22 號 楊格卡片組合 |

Copyright©2020 by Bookhouse.

恩里科・費米

23

義大利物理學家（1901～1954）
研究鈾原子核吸收中子後分裂成其他原子核的
「核分裂」現象。

| 分數 3500 | 可與 30 號 核分裂卡片組合 |

Copyright©2020 by Bookhouse.

沃夫岡・包立

24

奧地利物理學家（1900～1958）
發現「不相容原理」，以這一理論為基礎，說明
原子內的電子不是靠近原子核轉，而是擴散在外
圍繞的原因。

| 分數 3200 | 可與 25 號 海森堡卡片組合 |

Copyright©2020 by Bookhouse.

湯瑪士・楊格

22

英國物理學家（1773～1829）
觀察到通過兩個縫隙投射在螢幕上的光，呈現亮
暗交叉的現象。並以這一實驗為基礎，主張光是
波動。

| 分數 2900 | 可與 21 號 斯特拉特卡片組合 |

Copyright©2020 by Bookhouse.

維爾納・海森堡

25

德國物理學家（1901～1976）
發現電子的位置與速度無法同時確認的「測不準
原理」。

| 分數 3100 | 可與 24 號 包立卡片組合 |

Copyright©2020 by Bookhouse.

遊戲方式
請參考書本
第 215 頁。

——保羅·狄拉克——

26

英國物理學家（1902～1984）
結合薛丁格波動方程式與愛因斯坦相對論，創立
「狄拉克方程式」，以該方程式解出的答案預測
「反物質」的存在。

分數	可與 28 號
2800	居禮卡片組合

Copyright©2020 by Bookhouse.

——埃爾溫·薛丁格——

27

奧地利物理學家（1887～1961）
發現可知道電子狀態的「波動方程式」，對於量
子力學的發展貢獻極大。又為了證明以機率分析
量子力學的不完整，提出貓咪假想實驗。

分數	可與 29 號
3500	薛丁格的貓卡片組合

Copyright©2020 by Bookhouse.

——瑪里·居禮——

28

波蘭物理學家（1867～1934）
發現放射性元素釙（Po）和鐳（Ra），對放射線
研究貢獻極大，是首位獲得諾貝爾獎的女性。

分數	可與 26 號
5000	狄拉克卡片組合

Copyright©2020 by Bookhouse.

——薛丁格的貓——

29

因主張量子力學的不完整，而提出的假想實驗。
薛丁格反對量子力學的機率分析，所以提出貓咪
與貓毒毒物一同待在一個箱子的假想實驗。

分數	可與 27 號
1500	薛丁格卡片組合

Copyright©2020 by Bookhouse.

——核分裂——

30

一個原子核可以分裂成多個較輕的原子核之現象。
原子核經由核分裂，分裂為較輕的原子核，會產
生巨大的能量，使用這一能量就可以製作出原子
彈。

分數	可與 23 號
700	費米卡片組合

Copyright©2020 by Bookhouse.